植物肉百搭料理

跟上新飲食風潮，野菜鹿鹿的 **50** 道輕鬆煮純植食譜！

鹿比 & 小野——著

suncolor 三采文化

讓健康飲食有更美好的實踐

《豐蔬食》作者／《安眠書店》說書人　田定豐

「料理」對我來說是一個極其困難的事，尤其我吃蔬食20年經驗，照理應該要自己動手做料理，會比外食健康很多，只是一直不得其門而入。

直到去年初的疫情，突然多了很多在家時間，開始嘗試自己動手料理，才發現沒有想像中的困難。後來，在我出版的《豐蔬食》一書，我就放入一些我這個新手的手作食譜。

同時，我也繼續在學習，怎麼樣可以把對各種食物的慾望，都能夠化成舌尖上的滿足。

後來，在YT上發現《野菜鹿鹿》的頻道，他們每一次節目一開頭的料理成品透過畫面，不但立刻吸引著我的眼球，也讓我的唾液分泌不止，來反覆地觀看鹿比做菜的每一個細節，然後用紙筆記下每一個材料和步驟，當作自己家常菜的必做食譜。

很高興知道野菜鹿鹿終於要將他們的拿手菜出版，這本新書以植物肉為主題，在他們具有創意和廚藝的功底下，讓植物肉料理完全顛覆了一般人的想像，從家常菜到便當菜到異國風味菜，你會很驚訝這全部都是用植物肉就可以完成的蔬食美食。

它遠比我們所想像的『做菜』要容易非常多，但美味一點也不輸你所熟悉的味道。

在動物所帶來的各種疾病下，也讓現代人思考以植物飲食取代葷食的型態。那麼，你一定要擁有這本美味健康的工具書，讓它帶著你開始動手做料理，讓健康飲食有更美好的實踐。

享受蔬食生活的美好

BaganHood 蔬食餐酒館 創辦人　李沛潔 Carrie Lee

　　超強食譜攻略問世，這是一本你絕對不能錯過的食譜書！野菜鹿鹿的料理風格主張讓人能夠輕鬆在家出好菜，所以不論是準備食材或料理方式都非常的清楚詳細，基本上在家照著步驟做是不會失敗的。也很開心台灣終於有一本以植物肉為主題的食譜書，讓想改變飲食習慣或喜歡蔬食料理的朋友，可以透過這本書的教學做出驚人的肉食口味，擺脫過去對蔬食或素食的刻板印象，我非常認同這樣的理念，透過自己的手藝讓家人朋友都能少肉多菜，享受蔬食生活的美好！個人非常喜歡也推薦大家嘗試動手做食譜中的『無骨鹹酥雞』、『牛肉生煎包』、『泰式椒麻雞』！感謝野菜鹿鹿把這本超強食譜書帶給大家。

用美味料理推廣蔬食

BaganHood 蔬食餐酒館主廚　吳榮峰 Eric Wu

　　一年前在網路上第一次看到野菜鹿鹿的影片，覺得他們拍的料理影片很清新療癒，慢慢關注他們的每支影片，才發現原來是一對可愛的情侶，本來只是小粉絲的我，在朋友的介紹下有機會跟他們一起拍片才真正認識，我們聊了很多在蔬食料理方面的想法，他們想讓更多人認識蔬食，用美味的料理來推廣蔬食，影片中料理都很棒很有溫度。很開心他們把這份料理的溫暖實體化，在這本書裡你們將會看到更多更棒的料理，有家常菜、台灣小吃跟異國料理結合了現在最流行的植物肉，也讓蔬食料理更豐富多元，透過這本書你也可以感覺到他們認真的生活態度。看完這本書後，你們一定會跟我一樣每天都想在家做出美味的料理跟你的親朋好友分享。

徹底顛覆素食的刻板印象

找蔬食YT頻道主理人　Hao & Yang

　　誰說吃素一定要犧牲口腹之慾？往往大家對於「素食」、「植物性飲食」抱持著頗大的偏見，認為這樣選項稀少、清淡無味，根本難以下嚥……如果研發出一款口感、味道幾乎和肉品一模一樣，卻完全是由植物組成，從生產到上桌的過程也不必犧牲任何動物，對地球更加友善，熱愛美食的你會選擇嘗試嗎？

　　五年前的我，別說植物肉了，連「素食」這兩個字都鮮少聽聞呢！沒想到五年後的茹素生活，國內外盡心地研發各種植物性食材，各式素食版本的「仿葷料理」層出不窮，植物肉更是處處可見，也因為這樣的關係，讓許多推廣素食的朋友有了更得力的助手。當然也包括鹿比和小野！

　　每周總是期待著野菜鹿鹿的新作品，看著他們的手藝，認真覺得有他們在真好，每當料理缺乏靈感時，照著影片做就對了！沒想到這回更是端出了壓箱寶，從大家熟悉不過的家常菜、夜市小吃到異國風味的義式、韓式、南洋風味全都包辦了！看著令人垂涎欲滴的照片，天啊！肚子也不自覺的咕嚕叫了起來……

　　對於接觸素食一段時間、剛轉素不久或是身為葷食者的你，這本書絕對值得珍藏，除了讓大家更認識何謂植物肉，也能徹底顛覆大家對於素食的刻板印象！

一起吃美味蔬食、一起愛護地球

女演員　袁艾菲

　　第一次見到鹿比，是在她工作室的廚房。

　　一個青春洋溢的女孩拿著蒸籠，給我一個燦笑說：啊！我小籠包快蒸好了，再等我一下！原本還想做胡椒餅給你吃的，結果時間來不及啦！

　　看著她蹦蹦跳跳地跑回廚房，我不禁冒出了一兩個問號：這樣看起來天兵天兵的可愛女孩，真的會煮菜嗎？

　　在她頻道的節目上，我張大嘴巴、但心理抱著懷疑的吃下那皺褶細緻、熱呼呼冒著煙的新豬肉小籠包，腦中浮現第一個念頭是：天啊！真是好吃！看著她天真的燦笑，單純只是因為我說很好吃而開心著，我想鹿比是真心喜歡做菜的吧！

　　還記得當時邊吃邊問她：這也太好吃了吧？真的沒有打算開店做來賣嗎？這個不得了一定會大賣！

　　但沒有想到她做了一件比開店更有意義的事情，就是把這些美味蔬食料理的做法和祕訣都告訴我們了。

　　自從我開始吃方便蛋奶素的旅程後，有些一直很想吃，卻因為沒有素的選項而放棄的美食像：蒼蠅頭、土魟魚羹、生煎包、豚骨拉麵、泰式椒麻雞……

　　現在結合了新科技植物肉食材，要做出美味多元的料理完全沒有問題呢！沒有想到蔬食結合植物肉，以前想破頭的烹調替代方案，現在竟然都能夠游刃有餘的完成。

　　無論是做料理或是吃料理，我都覺得是療癒人心的魔法，謝謝野菜鹿鹿的魔法書，能讓我們一起吃美味蔬食、一起愛護地球。

原來蔬食也可以這樣料理

蔬食推廣團隊-夠維根　白龍、小樹、Stella

　　2021年到來，蔬食世代的開端，從去年初爆發全球疫情後，開始越來越多人關心自身飲食選擇，對環境、動保以及身體健康帶來的影響。蔬食/素食佳餚突破大家的傳統思維，不再只有青菜豆腐，覺得很「素」的菜色。在視覺、味覺上做出各種層次、風格，不管是模擬肉食的口味上，或用不同香料調味，呈現原型食物的美味，都是當代的飲食潮流。

　　食物是能帶給人幸福的，小野和鹿比的烹飪教學，一直讓人感受到溫暖和趣味。不僅學習了食譜的技巧，也感受到滿滿的用心及專業。就在今年野菜鹿鹿出書了，讓你意想不到，原來蔬食也可以這樣料理！把經典台味、異國料理，用植物性食材重新呈現，一起加入蔬食潮流吧，他們把巧奪天工的烹飪手法都藏在書裡了。

美味不輸葷

演員　曾子益

　　在我吃素的這條路上很多人曾問我：「都不會想吃肉嗎？不會懷念炸雞排嗎？」

　　我很幸運，在一開始吃素的時候我的好友Chelsea（無肉市集創辦人）帶我認識了很多素食餐廳，吃了很多美味的素食料理。

　　植物飲食並不難，這過程我也理解了一件事，其實我不是對「肉」上癮，我是對「美食」上癮。

　　這本書介紹了很多熟悉的美味，對於愛下廚的我又提供了很多新選擇。我是素食練習生，就讓美味從這本書開始，美味不失分，美味不輸葷。

無肉食材充滿無限的可能

無肉市集創辦人　張芷睿Chelsea

「用植物煮出影響力」，用在野菜鹿鹿身上再貼切不過了，從食育，去實踐飲食生活的教育，除了改變飲食習慣，進而教育大眾從懂飲食到懂生活，就是我推薦這本書最大的用意。

小野與鹿比從影片教學中，質感的把家常容易發揮的食譜透過書籍呈現，除了專業美味、滿滿的健康之外，在料理的那份感動中，有著幸福滿滿的愛，透過這本書，我開始了解，無肉的食材充滿了無限的可能，除了未來肉創意運用，還能將料理視為藝術品、用心創作，是創造美食最大的關鍵。

一切生命源自於愛，愛有豐富的營養、美味、寬大的包容以及無限的溫暖，透過這本書讓我們回歸愛的本質，若是想在家裡煮出一桌專業又質感的料理，還有勾起自身的料理動機，一定要收藏。如果有人說，吃素只能吃草，別懷疑，把這本書分享給他就對了！

用心的食譜創造無肉的生活

無肉小人物　楊子儀

曾經無肉不歡的我，因緣際會下成了素食者，在美食國度的台灣，有著許許多多的小吃，而絕大部分都是葷食，讓我直接打退堂鼓。

野菜鹿鹿的食譜，不是提倡偽葷食，而是把吃當成一種回憶、一種文化，用不殺生的料理滿足我們的味蕾，用心的食譜創造無肉的生活，無論是台灣小吃或是異國美食，這絕對是本非常受用的工具書。

植物肉讓我們有了不一樣的選擇　　小野

　　曾經有個朋友問我：『既然都決定吃素了，為什麼還要吃什麼植物肉呢？』

　　當時我簡單的回答他：『吃植物肉一方面不會傷害到動物，另一方面又能夠吃到肉的口感，這樣不是很棒嗎？』而後他又問：『你這樣不就沒有真心想吃素，還是會想吃肉不是嗎？』

　　我想說，我從來沒有否定自己喜歡吃肉這件事，也正是因為我喜歡吃肉，所以才跟鹿比一起更深入的研究，如何讓植物肉的口感吃起來更好且更真實！我選擇植物性飲食的原因只是因為我瞭解了真相，了解了一盤盤火鍋的肉片是怎麼來的，了解了一塊塊鐵板上的牛排背後，那些我不願去傷害的動物所必須經歷的一生。每當我大口享受著這些肉食所帶來的滿足同時，也就代表著有生命因我而消逝。而現在，植物肉讓我們有了不一樣的選擇，可以在不傷害動物的前提之下，一樣享用到類似肉的口感，這樣不是一件非常棒的事情嗎？

　　與鹿比一起創作這本植物肉食譜的過程（基本上我就只負責品嚐跟拍攝成品照），說真的從不覺得自己在吃素，在鹿比用心研發跟嘗試之下，有很多道食譜連我們自己都吃得驚呼聲連連！

　　我們相信，只要植物肉的餐點做得足夠好吃，一定能夠讓更多人開始接觸植物性飲食！

　　由衷的感謝開發植物肉的廠商跟正在看這本食譜書的你，以及拋磚引玉讓我們開始創作這本食譜的三采文化。相信在不久的將來，隨著大家共同的努力，一定會有越來越多優秀的蔬食產品跟餐廳出現。也希望有朝一日，動物製的產品能夠完全被取代。

~~~~~~

讓未來世界變成 Vegan World

鹿比

過去我真的超愛吃牛排、豬排，幾乎是每天一定會攝取的肉類，甚至會覺得如果沒有吃到，就等於當天沒有享受到好吃的美食。

然而踏進蔬食這個世界之後，卻讓我整個人生大轉變，開始想深入研究蔬食的奧祕，為什麼能夠讓台灣這麼多人願意吃素，為什麼素食餐廳人潮總是爆滿，又為什麼大家都在努力推廣素食？

瞭解吃素對於地球、動物、環保的重要性之後，我和小野一夕之間轉素了，當然起初沒這麼容易，經過葷食的餐廳，還是會因為香味想要走進去，直到遇到了植物肉……

因為是葷轉素，所以很了解肉的味道，在研發植物肉料理就想做出最逼真的味道，給許多葷食者試吃，大部分都吃不太出來，甚至還會覺得比真的肉好吃。

推廣植物肉，主要並不是推廣給素食者，真正的目的反而是推廣給葷食者，我們很能體會要葷食者一時之間放棄肉類，其實真的非常困難，如果沒有深入了解，只會覺得生命中的一部分被剝奪了。然而植物肉目前是讓葷食者接受並且放棄肉類最好的替代品，不管是口感、味道還是外觀，都已經可以跟真肉互相比擬了！那為什麼還要選擇破壞地球、傷害動物呢？

這本書集結了多種植物肉的料理，以及各種植物肉的烹調方法，從最基本的台式便當菜到各國創意料理都有，不管你是葷食者還是素食者，相信這些食譜可以讓你的餐桌更豐富多變。植物性飲食其實不難，就是一個習慣而已，當你習慣了之後，就會發現並不會影響你享受美食的權利，反而能讓你更健康、更開心。

非常感謝三采文化的邀約，讓我更深入的研究植物肉對於現在的重要性，也感謝所有支持我們的廠商，你們的力量推使我們更有動力一起向推廣之路邁進，也希望有更多的餐廳、廠商能看到蔬食的重要性，讓未來世界變成Vegan World。

Contents

PART 1

關於植物肉。

PART 2
台灣味料理。

PART 3

異國風料理。

關於植物肉。

何謂植物肉？

和過去台灣吃的素料有什麼不同？

為什麼連比爾·蓋茲和李奧納多都想加碼投資植物肉產業？

已經吃素了還需要吃植物肉嗎？

什麼是
植物肉或未來肉？

　　近年來植物肉席捲了全球，不僅在素食餐廳、速食店、鍋貼店可以吃到，甚至可以直接在超商、大賣場買回家自己料理。

　　一開始從歐美風靡的未來肉，也就是許多好萊塢明星一吃就愛上的Beyond Meat，真的是色香味俱全，甚至加了甜菜汁以假亂真做出肉類的血色，夾在漢堡裡一口咬下，葷食者都很難發現其實不是肉，而是植物蛋白做出來的。

　　而除了Beyond Meat之外，亞洲市場也推出了質地跟豬絞肉極為相似的新豬肉，更適合亞洲人的烹調方式，變化也更多元，完全可以取代真的豬肉，甚至更能補足人體的營養需求，打破了許多台灣人對於傳統素肉的觀念，也能讓葷食者試著嘗試並接受，達到真正推廣素食、環保愛地球以及友善動物的目的。

　　當然除了這兩款知名的植物肉之外，台灣其實早期就研發了不少素肉，素雞、素鴨、素魚各式素料都有，技術也相當成熟，甚至當時成為美國素食原料的供應商，可惜台灣敵不過大廠商的行銷能力，所以台灣人鮮少知道台灣才是真正的素肉專家啊！不過要改變大家對於素肉的傳統觀念真的不容易，所以想要透過這本書，讓大家重新認識並接受植物肉，了解到真的

不能再破壞我們的美麗家園，也不要再傷害無辜的動物們，其實有很多替代方法，植物肉就是其中一個選擇。以下分別介紹台灣與國外的植物肉品牌：

台灣植物肉品牌

1. **三機食品**：台灣的穀物加工大廠鈺統食品開發出具有潔淨標章的三機植物肉，透過多年的研發，有著企業友善環境的宗旨，推出多款的植物肉、植物奶、休閒穀物等產品，並且使用有機原料、希望能降低污染、更希望能改變消費者對於植物營養的攝取。

2. **弘陽食品**：擁有20年以上的研發技術，開發出多款素肉，從肉類到海鮮一應俱全，2020年5月與代理商三石天合國際推出第一個植物肉品牌『VVeat』，而且價格非常親民。

3. **松珍生技**：國內最大的植物肉食品廠，甚至打進國際市場，產品多達300多種，主打方便料理，現在在台灣的便利商店也都可以看到。

4. **大磬企業**：30年一心做素食，開發了多款的素食料理，不僅僅只有植物肉，火鍋、湯品、醬料、麵點、炒飯、義大利麵等等，標榜無防腐劑、無色素的美味素食。

5. **齋之味**：也是將近30年的老品牌，研發了不少植物肉，例如：沙朗牛排、培根、火腿等等，都是純天然、無防腐劑、無人工味精的健康食品。

國外植物肉品牌

1.GreenMonday：GreenMonday是一家來自香港的社會企業，透過推動素食低碳生活，來解決地球暖化問題。也與加拿大團隊合力研發出符合亞洲人口味的OmniPork新豬肉，因為用途非常廣，搶攻了不少亞洲餐廳市場。

2.Beyond Meat：Beyond Meat是美國洛杉磯一家製造100％全植物成分的肉類製造商，一推出產品後，在全球爆紅，甚至連比爾‧蓋茲、李奧納多都紛紛投資，也是我們目前吃過最像真的肉的植物肉。

3.Impossible Foods：Impossible Foods是美國加州一家植物成分的肉類製造商，其漢堡排進駐了不少連鎖漢堡品牌，近期也研發出了無肉香腸。

4.Gardein：Gardein是一個加拿大的無肉食品生產線，他們推出的素炸魚柳，台灣目前也買得到，而且真的是我們目前吃過最像的了！不管是口感還是味道，跟真的魚肉接近90％的相似度。

5.Alphafoods：Alphafoods是位於加州的全植物食品，其中植物雞塊是台灣目前買得到的，口感跟味道上真的非常相似，很適合葷食者試試看。

植物肉
營養成分

　　根據國際癌症機構（IARC）的資料顯示，紅肉攝取過多與各國腸癌的人口逐年增加有很大的關係，研究中心更指出，想要降低血液膽固醇，食用含有植物蛋白的食物是不錯的選擇。建議多多攝取植物蛋白，如：堅果、全穀類、蔬菜、菇類等等。

　　而植物肉的蛋白質含量大部分都非常一致，例如：大豆、豌豆、米、鷹嘴豆、馬鈴薯、小麥等等，不過植物肉真的比動物肉營養嗎？

　　如果植物肉和一般豬肉相比，增加了膳食纖維、減低了脂肪。甚至可以做到零膽固醇，鐵質與鈣質還比一般肉類多，營養價值確實比肉類高出許多……

　　植物肉的蛋白質也非常足夠支撐人體的需求，大部分的人其實比較擔心因為沒有攝取紅肉而缺乏鐵質，但其實某些植物肉的產品，不管是鐵、鋅、B群，甚至鈣質含量，都是勝過紅肉的，膳食纖維也比紅肉高出許多。

　　唯一要比較注意的就是鈉含量，植物肉的鈉含量每100公克就高達300~400毫克鈉，比起一般豬肉，每100公克只有58毫克，真的高出許多，不過因為植物肉本身都是已經調味過的，基本上不用再加過多的調味料就可以了，而一般豬肉烹調時需

	動物絞肉	植物絞肉
熱量	332cal	69cal
蛋白質	14g	20g
膽固醇	78mg	0mg
脂肪	14.6g	0.8g
膳食纖維	0g	4.5g
鈉含量	67mg	327mg

※以每100g做單位計算
營養資訊來源：「衛福部食藥署食品營養成分資訊」、各「植物肉官方網站」

要較多的鹽巴、醬油等，所以基本上最終的鈉攝取量其實是差不多的。

　　總而言之，植物肉的推出，其實造成很大的討論，不管是它的蛋白質好壞、鈉含量高、過多的飽和脂肪等等，其實都不是太大的問題，反而它擁有豐富的膳食纖維，以及不含膽固醇，是可以符合一些人體營養需求的。在挑選植物肉產品時，建議參考含量標示，再依據喜好或營養需求做選擇。

　　最主要營養價值還是在均衡飲食，如何適量的攝取這些營養，讓身體達到一個好的平衡，『吃素』就不會再跟『不營養』畫上等號了。

為何
要吃植物肉？

很多人會提出這個疑問，就是都吃素了為什麼還要吃假的肉？更何況植物肉屬於高度加工食品，吃了應該會造成身體不少的負擔吧？

不過想要告訴大家的是，這些植物肉不見得不好，因為不管是味道、口感、甚至營養價值，其實都是可以跟真的肉相互比較的。我們都是葷轉素，老實說剛轉素的時候，真的會非常想念肉的味道，甚至聞到香味都還會流口水，然而接觸到植物肉之後，讓我們徹底不再對肉類有慾望，因為植物肉就可以滿足我們想要的味道跟口感，只能說植物肉真的是讓葷食者踏入蔬食很棒的替代品。

也因為現在越來越多人吃素並不是因為宗教，很多人是因為動物權、因為環境保護而吃素，就像我們一樣，如果有這些植物肉，不就可以讓他們在不傷害動物、不破壞環境的情況下，還可以享受到差不多的美味，這樣不是很棒嗎？

植物肉
的料理方式

　　我們剛好在葷轉素的期間接觸到了植物肉，讓我開始好奇甚至產生興趣，所以嘗試了不少植物肉的烹調方式，經過了無數次的創新研發，累積很多植物肉的料理經驗。每款植物肉的烹調方式會有所差異，例如新豬肉因為質地較軟，需要極高溫或極低溫才能達到更像肉類的口感，可以使用油炸或冷凍的方式塑型，不僅可以保留水分，還能讓口感更為扎實。

　　這次食譜書所使用的植物肉都是以絞肉為主，因為絞肉的使用上可以有非常多變化，基本上可以當作一般的豬絞肉，只是烹調方式需要一些技巧跟步驟。

　　以食譜書使用的植物肉品牌為例：
　　1.新豬肉：新豬肉的質地較黏，塑形起來相對的容易，如果是平常的煎炒、氣炸鍋、油炸、烤箱，絕對沒問題。要裹粉油炸的話，就需要冷凍使其變硬，裹粉時才不會鬆散。如果需要水煮，例如肉羹、水餃等，建議一樣塑型完冷凍後再水煮，口感會更像。新豬肉也適合用電鍋蒸煮，會有肉的結實感。

　　2.三機植物肉：三機植物肉的質地較為鬆散，能感受到豐富的肉汁，如果是平常的煎炒、氣炸鍋、油炸、烤箱，絕對沒問題。要裹粉油炸的話，就需要冷凍使其變硬，裹粉時才不會鬆散。如果需要水煮，例如肉羹、水餃等，建議一樣塑型完冷

凍後再水煮，口感會更像。較不建議大量用電鍋蒸煮，如需用電鍋，可加入太白粉塑形好再蒸煮。

3. Beyond Meat：Beyond Meat 的質地較黏，塑型起來容易，如果是平常的煎炒、氣炸鍋、油炸、烤箱，絕對沒問題。基本上只要經過高溫烹調，口感就非常像了。不建議用電鍋跟水煮，因為 Beyond Meat 本身的調味適合透過高溫才會將香氣提升出來。

以下列出適合的烹調方式：

產品名稱	OmniPork 新豬肉	三機植物肉 （潔淨系列）	Beyond Meat
產品圖			
推薦 烹調	油煎、油炸 烤箱、電鍋 氣炸、水煮	油煎、油炸、烤箱 氣炸、水煮	油煎、油炸 烤箱、氣炸
適用料理 建議	瓜仔蒸肉 (P.54) 肉羹麵線 (P.86) 無骨鹹酥雞 (P.90) 炸雞塊 (P.136) 泰式打拋豬 (P.164)	紫米珍珠丸子 (P.42) 滷肉飯 (P.82) 蘿蔔糕 (P.106) 漢堡排 (P.140) 米漢堡 (P.188) 日式咖哩豬排飯 (P.192) 韓式炸雞 (P.212)	牛肉生煎包 (P.102) 義式燉肉丸 (P.128)

PART 2

台灣味料理。

鹿比和小野的飲食都是由葷轉素，

經常懷念許多台灣料理的口味，

因此研究了許多運用植物肉烹調的料理，

並藉此分享，讓大家都能嘗試，

不犧牲美味又能友善地球、動物的飲食方式。

＊本章節有一小部分食譜不含植物肉。

魚香茄子

🕐 30分鐘　🍴 3～4人份　👍 難易度：★

魚香茄子是著名的川菜，拌飯拌麵都超好吃，
用四季豆代替蔥，就算沒有很多辛香料，也能做出香氣十足的川味，
鹹、香、酸、甜、辣，一口滿足。

🧺 **材料** Ingredients

☐ 植物肉　115g
☐ 四季豆　5條
☐ 鮮香菇　2個
☐ 茄子　2條
☐ 大辣椒　1條
☐ 九層塔　1大把
☐ 老薑　10g

【調味料】
☐ 香油　3大匙
☐ 辣豆瓣醬　2大匙
☐ 醬油　2大匙
☐ 胡椒粉　1小匙
☐ 糖　1大匙
☐ 白醋　1大匙
☐ 花椒粉　1小匙
☐ 水　200g

【勾芡水】
☐ 太白粉　1大匙
☐ 水　5大匙

 作法 Step by Step

1 茄子五公分切一段再對半切，鮮香菇切小丁，老薑切末，四季豆切小段，大辣椒切成斜片，九層塔去梗備用。

2 炒鍋中放入茄子並且皮朝下，倒入水剛好蓋過茄子，再倒入適量植物油，蓋上鍋蓋悶煮五分鐘後，取出備用。

3 原鍋把水倒掉，倒入香油，放入老薑、鮮香菇炒至金黃。

4 放入植物肉炒至焦黃，加入其餘所有調味料炒香後倒入水煮滾。

5 加入大辣椒、四季豆、茄子，開大火快炒。

6 倒入調製好的太白粉水快速拌炒，最後放入九層塔，稍微快炒後即可起鍋。

*Finish**

Tips

如何不用油炸也能保持茄子的顏色？

在外面吃茄子料裡，通常比較油，因為要保
留茄子漂亮的紫色，油炸絕對是最快且最漂
亮的方式。不過茄子本身非常會吸附油脂，
所以常常會攝取過多的脂肪。其實只要如同
上面步驟所說，在水裡面加點油，讓茄子的
皮朝下，蓋鍋水煮的方式，就可以保留茄子
的顏色，雖然不能像油炸一樣這麼漂亮，不
過大部分的顏色都可以保留住唷～

糖醋里肌

 90分鐘　 2～3人份　 難易度：★★

光聽到菜名就讓我口水直流，

想像那種酸甜的滋味，搭配濕潤的外皮跟 Q 彈的植物肉，又是一道下飯菜，

而且通常在便當裡我一定第一個吃它，吃了之後立馬開胃，

配飯一口吃下更是滿足～

 材料 Ingredients

☐ 植物肉　1包
☐ 紅甜椒　1/2顆
☐ 黃甜椒　1/2顆
☐ 柳橙　1顆
☐ 檸檬　1顆

【植物肉醃料】
☐ 檸檬汁　1顆
☐ 白胡椒　1小匙
☐ 醬油　1大匙

【調味料】
☐ 柳橙汁　1顆
☐ 蘋果醋　3大匙
☐ 砂糖　1大匙
☐ 鹽巴　1小匙
☐ 番茄醬　1大匙
☐ 水　100g

【裹粉】
☐ 酥炸粉　適量

【勾芡水】
☐ 太白粉　1大匙
☐ 水　5大匙

 作法 Step by Step

1 紅甜椒、黃甜椒切成小塊狀。

2 取退冰後的植物肉加入所有醃料,塑形成小塊狀,放入冷凍30分鐘。

3 冷凍後的植物肉均匀裹上酥炸粉,靜置約5分鐘待反潮,取油鍋燒至160度炸至金黃酥脆。

4 將調味料全部攪拌條均匀備用。

5 取一炒鍋,倒入適量植物油,放入紅、黃甜椒爆香。

6 倒入調製好的醬料煮滾,再倒入太白粉水勾芡。

7 最後倒入炸好的植物肉拌匀,再撒上白芝麻即可享用。

Finish

Tips

什麼是反潮？

反潮用在料理上的話，意思主要是
讓裹好的粉受潮，因為粉一旦受
潮，就會緊緊的黏在油炸物上，可
以防止炸好的食物麵衣脫落，也可
以讓油炸物粘上更多的炸粉，這樣
吃起來會更酥脆喔～

麻婆豆腐

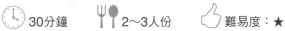

🕐 30分鐘　　🍴 2～3人份　　👍 難易度：★

川菜必點之一的料理！不過現在很多麻婆豆腐已經台灣化了，
有時候會想要吃正統又麻又辣的麻婆豆腐，
於是就自己研發了超級下飯的口味，吃完絕對讓你的嘴巴很過癮。

🧺 材料 Ingredients

- ☐ 植物肉 115g
- ☐ 老薑 20g
- ☐ 嫩豆腐 1盒
- ☐ 四季豆 4條
- ☐ 辣椒粉 10g
- ☐ 花椒粒 20g
- ☐ 豆苗 適量

【調味料】

- ☐ 香油 4大匙
- ☐ 辣豆瓣 3大匙
- ☐ 醬油 2大匙
- ☐ 辣椒粉 1大匙
- ☐ 胡椒粉 1小匙
- ☐ 糖 1大匙
- ☐ 花椒粉 2小匙
- ☐ 水 500g

【勾芡水】

- ☐ 水白粉 1大匙
- ☐ 水 5大匙

1 老薑切成末狀，嫩豆腐切成塊狀。

2 取一滾水加入適量鹽巴，放入嫩豆腐煮一分鐘取出備用。

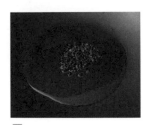

3 取一炒鍋，倒入香油，放入花椒粒小火煸香後取出。

4 將煸好的花椒粒切成細末備用。

5 原鍋中放入香油，加入薑末、植物肉炒香。再放入花椒末、辣椒粉炒香，加入其餘調味料拌炒。

6 放入四季豆炒香。

7 加入水煮滾。

8 放入煮好的豆腐，放入糖、花椒粉，煮約五分鐘。

9 慢慢倒入調製好的芡汁攪拌均勻後起鍋，撒上豆苗即可。

Finish

Tips

• 豆腐一定要用鹽巴水川燙過，
  才會更容易吸附醬汁入味喔！
• 花椒記得要小火煸香。

紅油抄手

🕐 90分鐘　　🍴 2～3人份　　👍 難易度：★★★

紅油抄手源自於四川，現今也成為台灣麵店常見的料理之一，
身為愛吃辣的我，這道真的讓我超喜歡，用最簡單的方式自製紅油，
也能讓素食的紅油抄手香、麻、辣。

🧺 材料 Ingredients

□ 植物肉 100g
□ 老薑 10g
□ 鮮香菇 1朵
□ 豆芽 適量
□ 小白菜 1把
□ 香菜 1把

【自製紅油】
□ 紅椒粉 2大匙
□ 雞心辣椒粉 1大匙
□ 花椒粒 10g
□ 花椒粉 2小匙
□ 芥花油 100ml

【調味料】
□ 醬油 2大匙
□ 糖 1大匙
□ 烏醋 1大匙
□ 花椒粉 1小匙
□ 胡椒粉 1小匙

【植物肉醃料】
□ 香油 1大匙
□ 醬油 1大匙
□ 五香粉 1小匙
□ 糖 1大匙

作法 Step by Step

1 先將老薑、鮮香菇切末，香菜切成末，小白菜切成段。

2 取一大碗，放入切好的老薑、鮮香菇以及植物肉，再放入醃料攪拌均勻。

3 取一餛飩皮，放入適量餡料，麵皮周圍沾水。

4 把角對角對半折，兩角向後凹並黏緊。

5 開始製作紅油，取鍋子倒入芥花油燒熱。熱油的時間同步取碗放入紅椒粉、雞心辣椒粉、花椒粒、花椒粉等調味料。

6 當油微微冒煙即可將油倒入碗中，製成紅油。

7 放入調味料A，即完成醬料。

8 取一滾水，川燙豆芽菜、小白菜後撈起備用。

9 原鍋再煮已包好的餛飩。

10 取碗盛裝，先將豆芽菜鋪底，放上餛飩，再淋上醬汁。最後放上小白菜，再撒上香菜，即可享用。

Finish

紫米珍珠丸子

🕐 60分鐘　　🍴 約8顆　　👍 難易度：★★

一般在外面看到的珍珠丸子通常是用白糯米，
這次發揮創意使用了紫糯米，不僅營養價值提高，味道跟口感都更加分唷！

  材料 Ingredients

☐ 植物肉　115g
☐ 紫米　150g
☐ 乾香菇　1朵
☐ 紅蘿蔔　40g
☐ 豆薯　30g
☐ 芹菜　20g
☐ 薑　10g
☐ 玉米粒　20g

【調味料】
☐ 鹽　1小匙
☐ 糖　1大匙
☐ 胡椒粉　2小匙
☐ 五香粉　1/2小匙
☐ 太白粉　3大匙
☐ 醬油　1大匙

 **作法** Step by Step

1 先將紫米泡水3小時，乾香菇泡水。

2 紅蘿蔔、豆薯、乾香菇、芹菜、老薑切細碎，放入碗中。

3 放入植物肉、玉米粒。

4 加入所有調味料，攪拌均勻。

5 將餡料捏成圓球狀，均勻裹上泡好水的紫米。

6 取一內鍋，鋪上烘培紙（或蒸籠紙），放入紫珍珠丸子。放入電鍋，外鍋一杯水蒸煮即可。

Finish*

Tips

紫米一定要泡水超過3小時，否則蒸出來的紫米會比較硬喔！

麻油雞

🕐 90分鐘　　🍴 2～3人份　　👍 難易度：★

身體屬寒性的我們，時常需要麻油料理溫補身體，
尤其跟我一樣手腳容易冰冷的，更需要多吃老薑、麻油等溫熱食材，
而且真的簡單幾個步驟就可以吃到好吃的素食麻油雞，
冬天懶得出門買也不用怕，自己在家就可以做！

材料 Ingredients

☐ 植物肉　230g
☐ 薑　80g
☐ 高麗菜　100g
☐ 金針菇　30g
☐ 香菇　2朵
☐ 水　800g
☐ 枸杞　20g
☐ 猴頭菇　6個
☐ 凍豆腐　40g
☐ 豆皮　30g

【調味料】

☐ 麻油　8大匙
☐ 糖　1大匙
☐ 鹽巴　1大匙
☐ 胡椒粉　2小匙

【植物肉醃料】

☐ 醬油　1大匙
☐ 五香粉　1/2小匙
☐ 糖　1大匙

 作法 Step by Step

1 將高麗菜切小塊，金針菇去掉蒂頭，老薑、香菇切片。

2 取植物肉加入所有醃料，攪拌均勻。

3 炒鍋中倒入麻油，將植物肉捏成小塊狀，小火煎至金黃。

4 然後再放入老薑煸至捲曲。

5 加入高麗菜、鮮香菇、枸杞炒香。

6 倒入水，加入其餘調味料。

7 煮滾後，嘗試味道依個人口味調味，再放入金針菇、猴頭菇、凍豆腐、豆皮一起蓋鍋熬煮30分鐘，即可享用。

Finish*

Tips

- 使用麻油時一定要小火,否則很容易產生苦味。
- 可放入自己喜歡的蔬菜,或當成火鍋湯底。

客家小炒

🕐 30分鐘　🍴 2～3人份　👍 難易度：★

這道是最常出現在鹿比家餐桌上的一道料理，因為爸爸是客家人，
所以客家小炒應該算是我第一道學的料理，轉素後因為太想吃這道菜，
也積極研究各種取代食材，讓自己大飽口福啦！

🧺 **材料** Ingredients

☐ 豆乾　3片
☐ 芹菜　30g
☐ 香菇　1朵
☐ 杏鮑菇絲　1支
☐ 大辣椒　1條
☐ 豆包　2個
☐ 老薑　20g

【調味料】
☐ 香油　3大匙
☐ 素蠔油　2大匙
☐ 素沙茶醬　2大匙
☐ 五香粉　1/2小匙
☐ 烏醋　1大匙
☐ 胡椒粉　1小匙
☐ 糖　1大匙
☐ 水　100g

 **作法 Step by Step**

1 豆乾切成片狀,豆包切段狀,杏鮑菇、香菇、老薑切成絲狀,大辣椒切斜片,芹菜切長段狀。

2 炒鍋倒入香油,再放入豆乾、豆包煸至焦脆。

3 放入老薑、香菇、杏鮑菇絲煸香。再加入其餘調味料炒香。

4 最後加入大辣椒、芹菜大火快炒,即可起鍋。

Finish

Tips

豆包、豆乾一定要煎到乾扁酥脆，香氣會非常棒！

瓜仔蒸肉

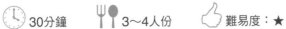

🕐 30分鐘　　🍴 3～4人份　　👍 難易度：★

瓜仔蒸肉是大家的便當盒裡都會有的一道菜，
充滿著古早味、小時候的回憶，也因為有脆瓜的甘甜，
讓整道菜吃起來不會膩口，還會有回甘的滋味呢！

材料 Ingredients

- ☐ 植物肉　230g
- ☐ 碧玉筍　4支
- ☐ 脆瓜　40g
- ☐ 薑末　10g

【調味料】
- ☐ 瓜仔醬汁　40g
- ☐ 醬油　2大匙
- ☐ 香油　2大匙
- ☐ 胡椒粉　1小匙
- ☐ 五香粉　1/2小匙
- ☐ 糖　1大匙
- ☐ 太白粉　2大匙

 **作法** Step by Step

1 老薑、脆瓜、碧玉筍切成末。

2 植物肉加入所有調味料。

3 加入剛剛切好的老薑、脆瓜、碧玉筍，均勻攪拌放入碗中。

4 放入電鍋，外鍋倒入一杯水蒸煮，即可取出。

Finish

蒼蠅頭

🕐 20分鐘　🍴 3～4人份　👍 難易度：★

這以前在餐廳必點的料理，吃素後就再也沒有吃過了，
豬肉末可以用植物肉代替，但是吃全素的朋友因為有韭菜花依然無法享用，
有一天逛市場無意間發現蘆筍，覺得切小丁後也超像韭菜花，
所以就買回家試試看～沒想到多了蘆筍的甜味更好吃！
愛蘆筍的可以多加一點～

 材料 Ingredients

☐ 植物肉 115g
☐ 蘆筍 1把
☐ A級杏鮑菇 1支
☐ 大辣椒 1條
☐ 薑 5片
☐ 黑豆豉 30g

【調味料】
☐ 醬油 2大匙
☐ 胡椒粉 1小匙
☐ 水 150cc

作法 Step by Step

1 蘆筍切小段、杏鮑菇用手撕成條狀後切小丁狀、大辣椒切斜片、老薑切成末狀。

2 平底鍋倒入適量香油，放入杏鮑菇丁炒至出水。

3 再放入植物肉煎至微焦。

4 加入辣椒片、老薑末、蘆筍段炒香。

5 再加入黑豆豉、醬油、胡椒粉快速翻炒炒香。

6 最後鍋中倒入水，炒至收乾就可以盛盤享用囉。

Finish

Tips

蘆筍怎麼選？

這道菜的蘆筍建議要挑選較細的，除了外觀會很像韭菜花以外，口感上也會更嫩更脆口，當然挑選粗的也可以，主要蘆筍要呈現翠綠色，不要有發黃或是萎縮的。新鮮的蘆筍就算是清炒也都很好吃，而且因為營養價值高，甚至被稱為抗癌之王呢！

宮保雞丁

🕐 60分鐘　🍴 2～3人份　👍 難易度：★★★

熱炒店必點的宮保雞丁，也是川菜的經典料理之一，
用大量的花椒、乾辣椒、花生，讓整道料理麻、辣、鹹、香，
為了降低過辣的口味，增添了甜椒的水分與蔬菜甜味來達到平衡，
讓整體更為和諧。

材料 Ingredients

□ 植物肉 1盒
□ 老薑 20g
□ 乾辣椒 20g
□ 花椒粒 8g
□ 黃甜椒 1/2顆
□ 青椒 1/2顆
□ 去皮花生粒 40g

【調味料】
□ 香油 3大匙
□ 醬油 2大匙
□ 糖 1大匙
□ 花椒粉 1小匙
□ 番茄醬 1大匙
□ 白醋 1大匙
□ 水 100g

【植物肉醃料】
□ 醬油 1大匙
□ 五香粉 1小匙
□ 糖 1大匙
□ 胡椒粉 1小匙

【裹粉】
□ 地瓜粉 適量

作法 Step by Step

1 老薑切成片狀，黃
甜椒、青椒切成小塊
狀。

2 植物肉加入所有醃
料攪拌均勻，並且塑
形成小塊狀，冷凍30
分鐘。

3 植物肉取出後均勻
裹粉，等待約5分鐘至
反潮。

4 取一油鍋燒熱至
180度，放入沾粉的植
物肉，炸至金黃後取
出備用。

5 取一炒鍋，倒入香
油，再放入乾辣椒、
花椒粒、薑片以小火
煸香。

6 加入其餘調味料，
並倒入水煮滾。

7 放入炸好的植物肉
以及甜椒、青椒、花
生快速大火拌炒。

8 起鍋前淋上少許白醋、花椒粉，即可起鍋享用。

Finish

Tips

- 使用香油煸花椒粒與乾辣椒時，記得要小火慢煸，否則很容易炒苦。
- 油炸植物肉時，一定要返潮才可下鍋油炸，裹粉才不會脫落。

苦瓜鑲肉

 60分鐘　 約5個　 難易度：★★

這道也是台灣常見的菜色之一，或是在關東煮裡也常常看到，
因為我們都愛吃苦瓜，所以一直對這道菜念念不忘，
有了植物肉之後，完完全全可以還原苦瓜的軟綿以及肉的鹹香，
而且連不敢吃苦瓜的人都可以接受喔！

 材料 Ingredients

- [ ] 植物肉　1/2盒
- [ ] 老薑　20g
- [ ] 紅蘿蔔　1/3條
- [ ] 鮮香菇　1朵
- [ ] 四季豆　3條
- [ ] 芹菜　20g
- [ ] 苦瓜　1條

【植物肉醃料】
- [ ] 醬油　2大匙
- [ ] 香油　2大匙
- [ ] 糖　1大匙
- [ ] 胡椒粉　1小匙
- [ ] 五香粉　1/2小匙
- [ ] 太白粉　1大匙

作法 Step by Step

1 紅蘿蔔、鮮香菇、四季豆、芹菜切成小丁，老薑磨成泥狀。

2 苦瓜三公分切一段，取出苦瓜籽跟薄膜，用滾水煮約5分鐘後取出用冷水沖洗。

3 在苦瓜裡層抹上地瓜粉。

4 植物肉加入切好的紅蘿蔔、鮮香菇、老薑、四季豆、芹菜攪拌均勻醃製一下。

5 將醃製好的植物肉塞進苦瓜圈中並放入電鍋內鍋。外鍋則倒入兩杯水開始蒸煮，悶20分鐘即可開蓋享用。

*Finish**

Tips

如何讓苦瓜不苦？

苦瓜主要苦的部分在於裡面的白色
薄膜，可以用湯匙將薄膜跟籽一同
刮乾淨，即會減少大部分的苦味，
而如果要讓苦瓜沒有苦味，可以先
用滾水川燙，再用冷水沖洗2～3
次，再連同植物肉一起下去蒸煮，
苦味基本上都會消失了。

三杯雞

🕐 60分鐘　🍴 2～3人份　👍 難易度：★★

所謂三杯雞的三杯，就是醬油、米酒、麻油各一杯，
這種從小吃到大的料理，我想也是不少台灣人在異鄉時最想念的味道，
光是醬汁就可以扒好幾碗飯了，油而不膩的滋味一定要學起來。

🧺 材料 Ingredients

☐ 植物肉 1包
☐ 老薑 40g
☐ 鮮香菇 2朵
☐ 九層塔 1大把
☐ 大辣椒 1條
☐ 水 100g

【調味料】
☐ 麻油 3大匙
☐ 米酒（可換成水）3大匙
☐ 醬油 3大匙
☐ 糖 1大匙
☐ 胡椒粉 1小匙
☐ 五香粉 1/2小匙

【裹粉】
☐ 地瓜粉 適量

【植物肉醃料】
☐ 醬油 1大匙
☐ 五香粉 1/2小匙
☐ 胡椒粉 1小匙

作法 Step by Step

1 老薑切成片狀，香菇切片狀，大辣椒切成斜片，九層塔去梗備用。

2 退冰後的植物肉放入所有醃料，攪拌均勻後塑型成塊狀，放入冷凍30分鐘。

3 將冷凍好的植物肉裹上地瓜粉，靜置5分鐘待反潮，放入氣炸鍋160度5分鐘，再來180度3分鐘。

4 取一炒鍋，倒入麻油，再放入薑片、香菇煸香。

5 放入糖炒至焦糖色，再放入炸好的植物肉。

6 放入醬油、米酒、水。

7 大火炒至稍微收汁，加入胡椒粉、五香粉。最後放入九層塔、辣椒炒香後起鍋享用。

Finish

Tips

- 用麻油煸薑片時，一定要小火慢煸，不然很容易產生苦味。
- 植物肉亦可用油鍋油炸，油溫大約160度炸至金黃。

橙汁排骨

🕐 60分鐘　　🍴 2～3人份　　👍 難易度：★★★

又是一道酸甜滋味，並且發揮創意用油條當成排骨的骨頭，
將植物肉包裹於外，經過氣炸後，酥脆口感搭上植物肉的口感，
可以說是連骨頭都可以吃的橙汁排骨啊～

 材料 Ingredients

☐ 植物肉　1包
☐ 柳橙　2顆
☐ 油條　1條
☐ 老薑　20g

【植物肉醃料】

☐ 醬油　1大匙
☐ 五香粉　1小匙
☐ 糖　1大匙
☐ 太白粉　1大匙

【裹粉】

☐ 地瓜粉

【調味料】

☐ 柳橙汁　1顆
☐ 砂糖　1大匙
☐ 鹽巴　少許

作法 Step by Step

1 老薑切成末狀，將
油條一分為二後，約5
公分剪一段。

2 將柳橙榨成汁。

3 退冰好的植物肉，
加入所有醃料，醃製
10分鐘。

4 將植物肉均勻裹在
油條的外層，再沾上
地瓜粉，靜置五分鐘
反潮後，再放入氣炸
鍋中以160度氣炸5分
鐘後，再繼續以180度
氣炸3分鐘。

5 取一炒鍋，倒入適
量植物油，放入薑末
炒香。

6 加入所有的調味料
煮滾。

7 放入氣炸好的排骨，輕輕拌炒煮到醬汁收乾就可
以起鍋享用啦！

Finish

Tips

- 如果沒有氣炸鍋，亦可用油炸約 160度油炸至金黃酥脆。
- 柳橙汁如果甜味居多，可以加一 匙的蘋果醋來增添果酸味。

金沙豆腐

🕐 25分鐘　🍴 2～3人份　👍 難易度：★

自從很少吃蛋之後，就特別想念金沙料理，
自己也沒想到用紅蘿蔔泥跟白蘿蔔泥炒出來的滋味這麼棒，
而且我覺得比用鹹蛋黃好吃，有時候鹹蛋黃吃多會膩口，
或是在嘴巴裡沙沙的感覺並不是那麼舒服，
用素金沙更多的是蔬菜的鮮甜，而且營養又健康！

🧺 材料 Ingredients

☐ 白蘿蔔　180g
☐ 紅蘿蔔　120g
☐ 老薑　10g
☐ 香菜　1小把
☐ 大辣椒　1條
☐ 板豆腐　1盒
☐ 低筋麵粉　適量

【調味料】

☐ 醬油　2大匙
☐ 糖　1小匙
☐ 胡椒粉　1小匙
☐ 水　100cc
☐ 鹽巴　適量（依個人口味）

 作法 Step by Step

1 紅蘿蔔、白蘿蔔、
老薑去皮磨成泥。

2 香菜切成小段狀、
大辣椒切成片狀、板
豆腐切成小塊狀。

3 低筋麵粉均勻裹在
板豆腐上。

4 平底鍋倒入適量植
物油,放入裹好粉的
板豆腐,每面煎至金
黃色後取出。

5 原鍋倒入植物油,
放入白蘿蔔泥、紅蘿
蔔泥炒至軟化,加入
醬油、胡椒粉、糖炒
香,再倒入水。

6 放入煎好的板豆
腐、辣椒片,最後放
入香菜快速拌炒,再
依個人口味加入鹽
巴,即可呈盤。

Finish

Tips

可以用氣炸鍋炸豆腐嗎？

可以的！不過記得一定要噴油～180
度氣炸6分鐘，再稍微翻個面，再
用200度炸3分鐘，在氣炸的時間就
可以拿來備料啦～可以節省不少時
間～又可以減少身體吸入油煙喔！

滷肉飯

 60分鐘　🍴 3～4人份　👍 難易度：★

滷肉飯是我們轉素前的最愛，而且特別愛會黏嘴的，
小野甚至每天吃滷肉飯都不會覺得膩，
轉素後一直沒有找到會黏嘴的素燥飯，
直到我研發出來後，小野時常吵著要吃，因為不僅鹹香，還會黏嘴！
完完全全達成了他的心願，相信絕對也會讓你們嗑上好幾碗白飯！

 材料 Ingredients

□ 植物肉 1盒
□ 鮮香菇 4朵
□ 豆乾 2塊
□ 素雞 1條
□ 老薑 30g
□ 秋葵 8條
□ 水 800g
□ 月桂葉 2片
□ 花椒粒 30g
□ 八角 2顆
□ 小茴香 5g

【植物肉醃料】
□ 醬油 2大匙
□ 糖 1大匙
□ 胡椒粉 1小匙
□ 五香粉 1小匙

【調味料】
□ 香油 4大匙
□ 醬油 3大匙
□ 素蠔油 1大匙
□ 糖 1大匙
□ 胡椒粉 1小匙
□ 花椒粉 1小匙

作法 Step by Step

1 鮮香菇、豆乾、素雞切成小丁狀,老薑切成末狀。

2 植物肉加入所有醃料後攪拌均勻,醃製10分鐘。

3 炒鍋倒入香油,放入花椒、八角、小茴香,小火煸香後,取出放入滷包袋。

4 原鍋放入醃好的植物肉煸至焦黃。

5 放入豆乾、素雞、薑末炒香,炒香後再放入香菇丁煸至金黃。

6 炒好的料放入滷鍋,加入其餘調味料一起拌炒。

7 倒入水,並放入滷包、月桂葉,蓋鍋熬煮30分鐘。

8 開蓋取出滷包,用剪刀把秋葵剪成片狀放入鍋中,再蓋鍋熬煮10分鐘就可以享用啦!

Finish

Tips

• 焗炒花椒時，要小心焗過頭，否則
  會產生苦味。
• 滷好後放入冰箱至隔夜再加熱，會
  更好吃更入味喔。

肉羹麵線

🕐 120分鐘　🍴 3〜4人份　👍 難易度：★★

麵線在台灣是非常常見的美食，不過要買到紅麵線真的不容易，
所以突發奇想用了雞絲麵，發現不管是味道還是口感，
跟紅麵線都極為相似，方便取得又好吃！

材料 Ingredients

☐ 植物肉　1包
☐ 麵腸　1條
☐ 豆包　1塊
☐ 筍絲　30g
☐ 杏鮑菇　1條
☐ 紅蘿蔔　1/2條
☐ 木耳　30g
☐ 大白菜　150g
☐ 薑　20g
☐ 芹菜　20g
☐ 香菜　10g
☐ 雞絲麵　2包
☐ 水　800g

【勾芡汁】
☐ 太白粉　1大匙
☐ 水　5大匙

【植物肉醃料】
☐ 醬油　2大匙
☐ 胡椒粉　2小匙
☐ 五香粉　2小匙
☐ 糖　1大匙
☐ 香油　1大匙
☐ 地瓜粉　2大匙

【調味料】
☐ 香油　4大匙
☐ 醬油　3大匙
☐ 糖　1大匙
☐ 鹽巴　1小匙
☐ 胡椒粉　2小匙
☐ 烏醋　1大匙

作法 Step by Step

1 麵腸切成小丁狀，
豆包切成小塊，杏鮑
菇、紅蘿蔔、木耳、
大白菜、老薑切成細
絲狀，芹菜、香菜去
葉切成末狀。

2 取退冰好的植物肉
加入醃料以及切好的
麵腸，攪拌均勻後塑
形成長條狀，放入冷
凍30分鐘。

3 取一湯鍋，倒入香
油，加入豆包煸至焦
黃，再放入芹菜、香
菜梗。

4 依序加入所有細
絲食材，炒至食材軟
化，再加入所有調味
料，拌炒均勻。

5 加入水蓋鍋熬煮20
分鐘。

6 開蓋後加入冷凍好
的肉羹。

7 加入雞絲麵蓋鍋熬
煮20分鐘。

8 開蓋後 倒入調製好的太白粉水勾芡，再淋上一點
香油，最後撒上香菜葉即可享用。

Finish

Tips

- 麵線要好吃，食材一定要炒到焦香，加上調味料炒香的鍋氣，這樣湯頭才會濃郁好喝。
- 起鍋後再淋上一點烏醋，會更加分。
- 愛吃辣的話，加一點辣椒醬，層次會更豐富喔！

無骨鹹酥雞

🕐 90分鐘　🍴 1〜2人份　👍 難易度：★★

台灣人最愛的鹹酥雞，
連素食者也可以享用啦，而且真的不輸葷的！
每次做完都會瞬間被小野掃光，不管是口感還是味道都非常相似，
葷食者不妨試試看，聽過很多人因為炸雞而無法轉素，
這道一定可以讓你接受的。

 材料 Ingredients

☐ 植物肉　1包
☐ 九層塔　1大把

【裹粉】
☐ 地瓜粉　適量
☐ 酥炸粉　適量
　（兩者各半）

【植物肉醃料】
☐ 醬油　2大匙
☐ 砂糖　1大匙
☐ 胡椒粉　1小匙
☐ 五香粉　1小匙

作法 Step by Step

1 九層塔洗淨並去梗備用。

2 植物肉加入所有醃料，塑型成小塊狀，放入冷凍1小時。

3 地瓜粉及酥炸粉混合，將植物肉均勻裹上，靜置5分鐘待反潮，油溫約160度下鍋炸至金黃後取出。

4 油溫拉高至180度，再下鍋搶酥約30秒，即可起鍋。

5 再放入九層塔下鍋油炸約10秒，即可取出享用。

Finish

Tips

- 植物肉第一次下鍋油炸時，只要微微黃色就可以起鍋，否則二次搶酥時，外皮顏色會太深產生苦味。
- 油炸九層塔時，要特別小心油爆，水分盡量擦拭乾淨，噴油時不用過於害怕，10秒後即可立即取出。

淡水阿給

🕐 60分鐘　🍴 2～3人份　👍 難易度：★

身為新北人的我們，淡水阿給根本就是兒時回憶，
尤其我小時候全家很常到淡水八里一帶遊玩，淡水阿給就是必吃美食，
也算是台灣的特色料理，現在已經可以回味當時的味道啦。

 **材料** Ingredients

☐ 植物肉　100g
☐ 粉絲　1塊
☐ 油豆腐　3塊
☐ 木耳　1片
☐ 芹菜　適量
☐ 香菜　適量

【醃料】
☐ 五香粉　1/2小匙
☐ 黑胡椒粉　1小匙
☐ 麵粉　1大匙
☐ 醬油　1大匙

【醬料】
☐ 甜辣醬　適量

作法 Step by Step

1 將粉絲泡水備用。

2 油豆腐對半切後將中間挖空。

3 木耳切成絲狀，芹菜、香菜切成末。

4 取植物肉，加入所有醃料，攪拌均勻。

5 炒鍋中倒入適量植物油，放入一匙的植物肉、粉絲、木耳。

6 加入調味料炒香，並用剪刀剪兩三刀後起鍋。

7 輕輕的將炒好的餡料塞進油豆腐中。

8 再用醃製好的植物肉蓋在表面。

9 放入電鍋內鍋，外鍋一杯水開始蒸煮，起鍋後加入甜辣醬一同享用。

Finish *

土魠魚羹

🕐 120分鐘　　🍴 1～2人份　　👍 難易度：★★

土魠魚羹也是台灣很經典的小吃之一，
酥脆的麵衣搭上濕潤的羹湯，比起肉更愛吃海鮮的我，
開始尋找各種很像的味道與口感，而海苔真的能取代一點海鮮的海味，
讓整體吃起來更像。

🧺 材料 Ingredients

【土魠魚食材】
☐ 植物肉　115g
☐ 杏鮑菇　1條
☐ 馬鈴薯　1/2顆
☐ 海苔酥　適量

【植物肉醃料】
☐ 醬油　1大匙
☐ 五香粉　1/2小匙
☐ 胡椒粉　1小匙

【裹粉】
☐ 麵粉　適量
☐ 酥炸粉漿
　　按包裝上的比例調配
☐ 麵包粉　適量

【羹湯食材】
☐ 黑木耳　1片
☐ 紅蘿蔔　1/2條
☐ 高麗菜　1/4顆
☐ 乾香菇　3朵
☐ 杏鮑菇　1支
☐ 豆包　1片
☐ 老薑　20g
☐ 水　800g

【勾芡汁】
☐ 太白粉　1大匙
☐ 水　5大匙

作法 Step by Step

1 馬鈴薯刨成絲狀，杏鮑菇切條狀。

2 馬鈴薯、杏鮑菇放入碗中，加入鹽巴將水份擠乾。

3 取植物肉，放入馬鈴薯、杏鮑菇、海苔酥，加入所有醃料，攪拌均勻。

4 塑形成橢圓形狀，放入冷凍約20分鐘。

5 黑木耳、紅蘿蔔、高麗菜、乾香菇、杏鮑菇、老薑切成絲。

6 湯鍋倒入適量香油，放入老薑、杏鮑菇、乾香菇爆香。

7 再放入黑木耳、紅蘿蔔、高麗菜炒香。

8 加入所有調味料。

9 倒入水，蓋鍋熬煮約20分鐘。

10 開蓋後倒入芡汁,煮滾即可。

11 取出冷凍好的植物肉依序裹上麵粉、酥炸粉漿、麵包粉。

12 取一油鍋,燒熱至180度,放入油炸至金黃酥脆即可搭配著羹湯享用。

Finish*

牛肉生煎包

🕐 3小時　🍴 7個　👍 難易度：★★★

不知道有沒有人跟我一樣，超愛吃生煎包，
可能是因為以前家裡附近有一間好吃的生煎包，讓我覺得是小時候的味道。
現在長大吃到都會覺得特別懷念，不過要吃到有肉感的素食生煎包真的很少，
於是植物肉真的是很好的替代品。

 材料 Ingredients

☐ 植物肉　210g
☐ 紅蘿蔔　1/2條
☐ 老薑　20g
☐ 四季豆　6條

【麵皮】
☐ 中筋麵粉　150g
☐ 冷水　55g
☐ 乾酵母　1.5g
☐ 溫水　20g
☐ 鹽巴　少許

【植物肉醃料】
☐ 五香粉　1小匙
☐ 醬油　2大匙
☐ 糖　1/2大匙
☐ 胡椒粉　1小匙
☐ 香油　1大匙

1 先將老薑切成末，四季豆、紅蘿蔔切成丁狀。

2 取植物肉加入所有醃料，攪拌均勻。

3 所有切好的食材放入植物肉並攪拌均勻，放入冰箱備用。

4 製作麵皮，取乾酵母粉加入溫水，攪拌均勻。

5 中筋麵粉加入酵母水，再加入冷水、鹽巴，用手揉成光滑麵糰，鋪上濕布放置一個半小時等待發酵。

6 麵糰發酵後，桌上灑一些手粉，將麵糰取出分成七等份。

7 將每份麵糰搓圓後，再用桿麵棍桿成圓型。

8 取一桿好的麵皮，中間放入餡料，依序捏摺後收口捏緊。

9 將所有包好的生煎包放入煎鍋,並蓋上鍋蓋等待30分鐘使其二次發酵。

10 發酵後,倒入少許油於縫隙中,開中火煎約2分鐘,再加入水150g,蓋上鍋蓋煎10分鐘。

11 開蓋後,撒上適量黑、白芝麻,水分完全收乾後,即可關火起鍋享用。

Finish*

Tips

• 麵皮收口處一定要捏緊,才不會讓湯汁流出。
• 麵糰發酵時間會因氣溫高低而變化,天氣較冷時,發酵時間就要約2小時。

蘿蔔糕

🕐 120分鐘　　🍴 3～4人份　　👍 難易度：★★

好像很少人會自己做蘿蔔糕，會覺得是不是很困難？
但其實一點都不難，只要掌握一些小技巧，絕對可以做出超好吃，
餡料多也更健康的蘿蔔糕。

🧺 材料 Ingredients

- ☐ 植物肉　55g
- ☐ 乾香菇　3朵
- ☐ 白蘿蔔　120g
- ☐ 金針菇　20g
- ☐ 在來米粉　250g
- ☐ 水　250ml

【調味料】
- ☐ 香油　3大匙
- ☐ 醬油　1大匙
- ☐ 五香粉　1/2小匙
- ☐ 糖　1大匙
- ☐ 胡椒粉　1小匙
- ☐ 鹽巴　1小匙

【工具】
中型長方型模具
（長20.5cm、寬 7.7cm、高6cm）

 **作法 Step by Step**

1 金針菇切小段，乾香菇泡水切末，白蘿蔔刨細絲，植物肉退冰備用。

2 取一炒鍋倒入適量香油，先炒金針菇至焦黃，再放入乾香菇、植物肉炒香。

3 倒入醬油、五香粉、糖炒香後，放入白蘿蔔，再撒上胡椒粉、鹽巴。

4 倒入水350ml，蓋鍋小火燉煮20分鐘。

5 燉煮同時來調製在來米粉糊，取在來米粉倒入冷水，攪拌均勻至無顆粒備用。

6 餡料燉煮20分鐘後，關火倒入調製好的在來米粉糊裡，快速攪拌至糊化。

7 倒入模具（如果不是不沾模具，記得抹油），並將表面抹平放入電鍋，外鍋倒入兩杯水開始蒸煮。

8 電鍋跳起後，悶一個小時後開蓋，拿出來放冷，再脫模，即可切片煎至焦脆享用啦！

Finish

Tips

什麼是糊化？

糊化作用是一種澱粉的物理現象，而用在蘿蔔糕上面主要是防止再來米粉沈澱，否則在蒸煮的過程當中會水粉分離，所以需要進行糊化的動作，要靠高溫的餡料放入冷的在來米粉糊，並且快速攪拌，達到可流動的泥漿狀，如果不易流動表示糊化過度，如果呈現水狀，表示沒有糊化成功。不過也有一部份關鍵在於菜頭本身的水分，菜頭的含水量多的話，加入的水量就要減少一點，這點需要自行判斷。

客家鹹湯圓

🕐 60分鐘　🍴 2～3人份　👍 難易度：★

客家鹹湯圓是小野的最愛，

我們都流著一半的客家血液，所以對鹹湯圓有思念之情，

偶爾就會想來上一碗，然而客家味一定逃不了蝦米、油蔥等食材，

為了研發出全素飲食，意外發現金針菇如果煸到焦黃，

會有蝦米的鮮味，真的可以讓湯頭增添不少濃郁風味。

🧺 材料 Ingredients

☐ 植物肉　115g

☐ 湯圓　約2碗

☐ 茼蒿　200g

☐ 乾香菇　5朵

☐ 金針菇　1/2個

☐ 香菜　1小把

☐ 老薑　20g

☐ 紅蘿蔔　1/2條

☐ 木耳　50g

【調味料】

☐ 醬油　3大匙　　　　☐ 素沙茶　2大匙

☐ 醬油膏　2大匙　　　☐ 辣豆瓣醬　1大匙

☐ 胡椒粉　2小匙　　　☐ 糖　1大匙

☐ 五香粉　1/2小匙　　☐ 烏醋　2大匙

作法 Step by Step

1 老薑、乾香菇、紅蘿蔔、木耳切成絲，香菜、芹菜切末，金針菇切小段，茼蒿洗淨備用。

2 取一湯鍋，倒入香油，放入金針菇煸至焦黃。

3 放入薑絲、紅蘿蔔、木耳炒香。

4 放入植物肉炒成絞肉狀，並且焦黃。

5 放入所有調味料炒香。

6 倒入水、香菇水蓋鍋熬煮20分鐘。

7 另取一鍋滾水，放入湯圓川燙約半熟後取出。

8 將湯圓、茼蒿放入熬煮好的湯頭中，煮5分鐘後撒上香菜，即可享用啦！

Finish

豬肉玉米燒賣

🕐 60分鐘　🍴 2〜3人份　👍 難易度：★

港式料理必吃的小點心，一直很喜歡燒賣這種小巧玲瓏的麵點，
這次用超簡單的方式，讓你在家也能享用得到，不用自己做麵皮，
甚至只要簡單的手法，就能讓成品看起來超厲害！

 材料 Ingredients

☐ 植物肉　80g
☐ 餛飩皮　數張
☐ 玉米粒　20g
☐ 木耳　20g
☐ 老薑　10g
☐ 紅蘿蔔　1/3條

【調味料】
☐ 香油　1大匙
☐ 胡椒粉　1小匙
☐ 醬油　1小匙
☐ 五香粉　1/2小匙

作法 Step by Step

1 將老薑、木耳切成末，紅蘿蔔磨成泥。

2 將植物肉、老薑、木耳、玉米粒放進一碗中，並放入所有調味料攪拌均勻。

3 取一炒鍋倒入油，放入紅蘿蔔泥，炒香後取出備用。

4 取餛飩皮，用直徑最大的杯子邊緣（圓形模具），壓出圓形的餛飩皮。

5 壓好後先取一片，放入一小匙餡料，放在虎口位置用湯匙往下壓，將餛飩皮完全包覆餡料。

6 包好的燒賣放入電鍋，外鍋一杯水開始蒸煮。蒸好後，在頂端放上炒好的胡蘿蔔泥點綴。

Finish

Tips

• 這次使用的餛飩皮是小片的，適合一口的大小，當然也可使用大片的。

• 餡料一定要放在餛飩皮中心的位置再向下壓，否則外皮會高低不均。

豬肉蘿蔔絲餡餅

🕐 90分鐘　🍴 4個　👍 難易度：★★★

好吃的餡餅是皮薄餡多，甚至還會爆汁，就算是素食也能做到，
因為植物肉本身還有大量的水分，所以在熟成的過程當中會釋放出來，
不用任何多餘的步驟就可以有爆漿的效果，趕快來試試吧！

 材料 Ingredients

- 植物肉　115g
- 白蘿蔔　0.5條
- 老薑　20g
- 芹菜　30g

【麵皮】
- 中筋麵粉　160g
- 鹽　1小匙
- 糖　1大匙
- 熱水　88g

【調味料】
- 醬油　2大匙
- 糖　1大匙
- 胡椒粉　2小匙
- 花椒粉　1小匙
- 香油　1大匙
- 黑胡椒粉　1小匙

作法 Step by Step

1 白蘿蔔刨成絲狀，紅蘿蔔切小丁，芹菜、老薑切末。

2 白蘿蔔加適量鹽巴將水分擠乾。

3 取一大碗將所有食材混合，並加入所有調味料攪拌均勻。

4 中筋麵粉加入鹽、糖，慢慢倒入熱水攪拌，使其產生棉絮後再全部倒入，並用手混合揉至均勻，放入碗中醒麵30分鐘。

5 砧板撒手粉，將麵糰揉至光滑，切成四等份。

6 每份搓圓後壓扁，用桿麵棍桿成約10公分大小圓片狀。

7 取一片將餡料放上，以打折的方式慢慢收口並捏緊。

8 包好後，稍微整形並輕輕壓扁。

9 取一平底鍋，倒入適量植物油，放入包好的餡餅，小火兩面煎至金黃即可享用。

Finish

Tips

- 白蘿蔔的水分一定要擠乾，否則會導致麵皮濕軟。
- 麵皮收口要捏緊，煎的過程中湯汁才不會流出。

塔香抓餅

🕐 120分鐘　🍴 4片　👍 難易度：★★

我們都是蔥油餅的狂熱者，
每次經過蔥油餅的小攤販，一定會忍不住買來吃，這次為了做全素的，
所以用了九層塔來代替，沒想到香味十足啊，而且還可以冰在冷凍，
下午想吃的時候，再拿出來煎，真的超方便！

🧺 材料 Ingredients

☐ 九層塔　1大把

【麵皮】
☐ 中筋麵粉　300g
☐ 水　160g
☐ 鹽巴　2g

【調味料】
☐ 白胡椒粉　適量

作法 Step by Step

1 取中筋麵粉，加入
鹽巴，慢慢倒入水，
均勻攪拌揉成光滑麵
糰，蓋上濕布放置20
分鐘。

2 桌面抹上適量植物
油，將麵糰取出，分
成4等份，桿成薄片狀
並抹上植物油。

3 放上適量切碎的九
層塔、白胡椒粉。

4 將麵糰捲成長條形
並壓扁。

5 將長條捲起，收口
捏緊壓至下面，蓋上
濕布放置30分鐘。

6 取出並桿成圓形薄
片。

7 熱鍋，加入植物
油，煎至兩面金黃酥
脆，並使用兩支鍋鏟
稍加擠壓使其蓬鬆即
完成。

*Finish**

PART 3

異國風料理。

年輕人最愛吃的義式、美式、
日式、韓式、南洋風等各種異國料理，
在這本書也能原味重現喔！
只要跟著鹿比的步驟，
每個人都能自煮享用餐廳口味的美食。

＊本章節有一小部分食譜不含植物肉。

義式燉肉丸

🕐 60分鐘　　🍴 2～3人份　　👍 難易度：★★★

義大利人吃的肉丸，大多都是番茄肉丸，
而他們會用大量的洋蔥、蒜頭一起拌在肉丸裡，
然而不吃五辛者就無法享用，所以我把九層塔包進肉丸裡，
增添了不少的香氣。

🧺 材料 Ingredients

☐ 植物肉　210g
☐ 茄子　1/2條
☐ 芹菜　2支
☐ 番茄糊　1/2罐
☐ 紅甜椒　1/2顆
☐ 黃甜椒　1/2顆
☐ 洋菇　3顆
☐ 九層塔　40g
☐ 水　400g

【調味料】
☐ 橄欖油　4大匙
☐ 義式香料　適量
☐ 黑胡椒粉　適量
☐ 鹽巴　1小匙

【植物肉醃料】
☐ 義式香料　適量
☐ 黑胡椒粉　適量
☐ 橄欖油　適量

作法 Step by Step

1 芹菜、茄子、黃甜椒、紅甜椒、洋菇切丁，九層塔切末。

2 退冰好的植物肉，放入九層塔末及所有醃料。

3 搓成肉丸大小的圓球狀，放入氣炸鍋中160度5分鐘，180度3分鐘。

4 取一炒鍋倒入橄欖油，放入芹菜、茄子、紅甜椒、黃甜椒、洋菇一起炒香。

5 加入番茄糊及其餘調味料。

6 加入水蓋鍋燉煮約20分鐘。

7 開蓋後，放入炸好的肉丸再燉煮10分鐘，即可起鍋享用。

Finish

波隆納肉醬義大利麵

🕐 40分鐘　🍴 2人份　👍 難易度：★

波隆納是義大利的一個古老的城市，有著最傳統製成的義大利麵，
食材主要就是肉、番茄，而正統的波隆納義大利麵通常是用寬扁麵，
因為他們覺得寬扁麵能附著更多的肉醬，
不過為了台灣人的習慣，我還是選用一般細圓麵。

 材料 Ingredients

- ☐ 植物肉 210g
- ☐ 紅蘿蔔 1/2條
- ☐ 西洋芹 3支
- ☐ 洋菇 4朵
- ☐ 番茄糊 0.5罐
- ☐ 義大利麵 2人份
- ☐ 純素起司磚 適量

【調味料】
- ☐ 橄欖油 4大匙
- ☐ 番茄醬 3大匙
- ☐ 黑胡椒粉 適量
- ☐ 義式香料粉 適量
- ☐ 煮麵水 3大湯匙

作法 Step by Step

1 紅蘿蔔、西洋芹、洋菇切成丁狀。

2 取一鍋滾水，加入適量鹽巴、植物油，放入義大利麵煮約八分鐘，夾起備用。

3 取一炒鍋，倒入橄欖油，放入紅蘿蔔丁、西洋芹丁、洋菇丁炒香。

4 再放入 植物肉炒至焦黃。

5 放入番茄糊及其餘調味料煮滾。

6 加入麵水，蓋鍋熬煮10分鐘。

7 開蓋後放入煮好的義大利麵，均勻拌炒，刨上起司後起鍋享用。

Finish

Tips

• 正統的義大利麵通常不會用新鮮番茄，都會用罐頭的番茄，一般超市都可以買得到喔！

• 煮義大利麵用煮麵水熬高湯可以讓麵跟醬汁融合再一起，吃的時候才不會覺得醬汁跟麵是分開的！

炸雞塊

🕐 50分鐘　🍴 約10塊　👍 難易度：★★

炸雞塊真的是剛轉素時無法抵抗的食物，尤其是小野，
他真的很愛吃炸雞，於是我開始一連串嘗試如何可以代替炸雞的口感，
例如猴頭菇等等，不過炸雞塊相對的口感較軟嫩，
於是研發出了現在這個版本，真的是會一塊接著一塊一直吃啊。

 材料 Ingredients

☐ 植物肉　半包
☐ 白花椰菜　50g
☐ 紅蘿蔔　1/3條
☐ 鷹嘴豆罐頭　25g

【調味料】

☐ 鹽巴　1小匙
☐ 義式香料　1大匙
☐ 紅椒粉　2小匙
☐ 黑胡椒　1大匙
☐ 橄欖油　3大匙

 作法 Step by Step

1 取一滾水，放入花椰菜燙熟。

2 花椰菜切碎，紅蘿蔔刨成絲狀，鷹嘴豆沖洗備用。

3 取一料理機，放入鷹嘴豆、花椰菜、紅蘿蔔打碎。

4 打碎後，放入植物肉及所有調味料，再次攪拌均勻。

5 用湯匙挖取餡料，壓扁成約雞塊大小，均勻裹上地瓜粉。

6 取一平底鍋，倒入適量植物油。放入裹好粉的雞塊。煎至兩面金黃即可享用。

Finish

漢堡排

🕐 90分鐘　🍴 2人份　👍 難易度：★

美式漢堡裡的漢堡排總是讓人食指大動，
外皮煎的焦香，咬下流出滿滿的湯汁，現在植物肉也可以做得到，
吃素也可以大飽口福。

 材料 Ingredients

- [ ] 植物肉　230g
- [ ] 紅蘿蔔　1/3條
- [ ] 西洋芹　1支
- [ ] 蘑菇　5個
- [ ] 番茄　1顆
- [ ] 九層塔　20g

【調味料】

- [ ] 橄欖油　1大匙
- [ ] 醬油　1大匙
- [ ] 五香粉　1小匙
- [ ] 義式香料　2小匙
- [ ] 糖　1大匙
- [ ] 黑胡椒粉　1小匙
- [ ] 太白粉　3大匙

【植物肉醃料】

- [ ] 鹽巴　1小匙
- [ ] 黑胡椒粉　1小匙
- [ ] 義式香料　1小匙

作法 Step by Step

1 紅蘿蔔、蘑菇、芹菜、九層塔切成末，番茄切小丁狀。

2 取一炒鍋，倒入適量橄欖油，放入所有切好的食材炒軟。

3 再加入所有調味料炒香。

4 炒香後，取出放涼，再加入植物肉以及所有調味料，攪拌均勻。將其塑形成漢堡排狀，放入冰箱冷凍30分鐘。

5 取一熱鍋，倒入適量橄欖油，放入冷凍好的漢堡排，煎至兩面焦黃即可。

*Finish**

義式酥炸餛飩

🕐 60分鐘　　🍴 3～4人份　　👍 難易度：★★

曾經在一間義大利餐廳吃過酥炸餛飩，不過是含五辛的，

大小也比較大，吃到之後，覺得很適合變成小巧可愛的派對手指料理，

於是研發出了無五辛且縮小版的酥炸餛飩，

唯一缺點就是真的吃到停不下來，太「刷嘴」了！

 **材料** Ingredients

- ☐ 植物肉　100g
- ☐ 餛飩皮（小張）50張
- ☐ 菠菜　1把
- ☐ 蘑菇　4朵
- ☐ 老薑　10g
- ☐ 堅果　30g
- ☐ 素起司　適量
- ☐ 九層塔　30g

【調味料】

- ☐ 橄欖油　2大匙
- ☐ 義式香料　1小匙
- ☐ 黑胡椒粉　1小匙
- ☐ 鹽巴　1小匙
- ☐ 紅椒粉　1小匙

 作法 Step by Step

1 先將菠菜切成小段
狀，蘑菇切成片。老
薑、九層塔切成末。

2 取一炒鍋，倒入
適量橄欖油，放入老
薑、蘑菇煸香。

3 放入菠菜炒至出水
並收乾起鍋備用。

4 料理機放入堅果、
九層塔打細碎。

5 倒入炒好的菠菜
餡料，以及所有調味
料，一起打成泥狀後
取出。

6 刨入素起司並攪拌
均勻。

7 取一餛飩皮，包入
一小匙餡料，並在餡
料周圍沾一圈水。

8 用虎口處向上捏
緊，再調整外觀。

9 包好後，氣炸鍋
底部噴油，放入氣炸
鍋，餛飩也噴上適
量油，氣炸180度5分
鐘、200度2分鐘，即
可起鍋享用。

Finish

Tips

也可用油鍋油炸的方式,油溫約160
度油炸至金黃即可。

松露野菇燉飯

🕐 40分鐘　🍴 2人份　👍 難易度：★

自從吃素之後，吃了外面奶素的燉飯，身體都會覺得噁心想吐，
開始就不吃奶了，所以回家自己做有奶味卻不會讓我不舒服的燉飯，
還不會攝取過多的精緻澱粉，用紫米做出來的燉飯，
連不愛吃紫米的我，都吃到停不下來，而且完全不覺得膩。

材料 Ingredients

- ☐ 杏鮑菇　1條
- ☐ 鴻禧菇　1/2顆
- ☐ 香菇　1朵
- ☐ 秀珍菇　20g
- ☐ 植物奶　150g
- ☐ 水　150g
- ☐ 紫米　0.5杯
- ☐ 白米　0.5杯
- ☐ 純素起司磚　適量

【調味料】
- ☐ 橄欖油　4大匙
- ☐ 松露醬　1小匙
- ☐ 鹽巴　1小匙
- ☐ 義式香料粉　適量
- ☐ 黑胡椒粉　適量
- ☐ 羅勒葉　適量

 作法 Step by Step

1 紫米泡水2小時，與白米混合後，放入電鍋蒸煮。

2 將杏鮑菇、香菇、秀珍菇切成條狀。取一炒鍋，倒入橄欖油，然後放入所有菇類炒香。

3 並加入鹽巴、黑胡椒粉，再倒入植物奶、水。

4 煮滾後放入煮好的紫米飯，蓋鍋小火燉煮20分鐘。

5 開蓋後放入松露醬、義式香料粉攪拌均勻。

6 最後刨上純素起司即可享用啦！

Finish

Tips
- 所有菇類一定要煸到焦黃，香氣才會出來。
- 松露醬要燉煮後再放，香氣才會持久保留。

菌菇酥皮濃湯

🕐 40分鐘　　🍴 2〜3人份　　👍 難易度：★★

從小就超愛喝酥皮濃湯，應該沒有小孩不愛的啦，
自從不吃奶製品之後，就很少吃到，直到現在植物奶盛行，
又可以再喝到香醇濃郁的濃湯了。

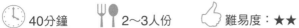 材料 Ingredients

☐ 蘑菇　5朵
☐ 馬鈴薯　1顆
☐ 香菇　2朵
☐ 杏鮑菇　2條
☐ 植物奶　300g
☐ 水　200g
☐ 起酥片　2片

【調味料】
☐ 橄欖油　5大匙
☐ 鹽巴　2小匙
☐ 黑胡椒粉　適量

作法 Step by Step

1 杏鮑菇、馬鈴薯切成小丁狀,將蘑菇、鮮香菇切成片狀。

2 取一湯鍋,倒入橄欖油,放入馬鈴薯煎至金黃色。

3 所有菇類炒至焦黃。

4 倒入水並放入鹽巴。

5 蓋上鍋蓋煮滾後,用料理棒打成泥狀。

6 倒入植物奶和黑胡椒粉攪拌均勻。

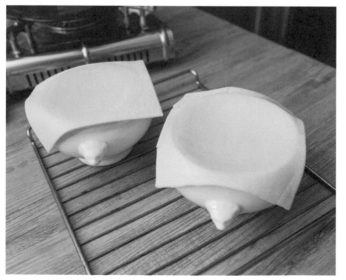

7 將箘菇濃湯盛入碗裡,在碗上蓋上一張酥皮,沿著碗的邊緣按壓將酥皮黏緊在碗上,放入烤箱中以180度上下火烤10分鐘。

Finish

越南酸辣河粉

 120分鐘　🍴1人份　👍難易度：★★

愛酸又愛辣的我，越南料理永遠可以滿足我的味蕾，
淡淡的香料味，配上刺激的味道，總能讓口水流不停，一口接一口，
不管夏天還是冬天吃，都超適合！

🧺 材料 Ingredients

- ☐ 植物肉 115g
- ☐ 番茄 2顆
- ☐ 檸檬 1顆
- ☐ 河粉 1人份
- ☐ 九層塔 30g
- ☐ 白蘿蔔 1/2條
- ☐ 綠豆芽 20g
- ☐ 小辣椒 1條
- ☐ 大白菜 80g
- ☐ 小黃瓜 20g
- ☐ 香菜 適量

【調味料】
- ☐ 鹽麴
- ☐ 胡椒粉
- ☐ 香菇昆布醬油
- ☐ 糖

【香料包】
- ☐ 香茅 6根
- ☐ 檸檬葉 8片
- ☐ 南薑 6片
- ☐ 老薑 20g
- ☐ 八角 2顆
- ☐ 小茴香 3g
- ☐ 月桂葉 3片

【植物肉醃料】
- ☐ 醬油 1大匙
- ☐ 香油 1大匙
- ☐ 黑胡椒粉 1小匙
- ☐ 五香粉 1/2小匙

作法 Step by Step

1 蘿蔔切成塊，番茄切成丁，大白菜梗、小黃瓜切絲，老薑切片，小辣椒切小段，香茅拍扁切斜段。

2 取植物肉放入所有醃料攪拌均勻。

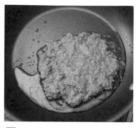

3 取一熱鍋，倒入適量植物油，將植物肉鋪平。

4 植物肉煎至兩面金黃後取出，並切成細條狀備用。

5 取一湯鍋，倒入適量植物油，放入香料包所有食材炒香。

6 炒香後放入布袋裡備用。

7 原鍋放入番茄、大白菜、蘿蔔炒香。

8 加入所有調味料，倒入水，並放進香料包，蓋鍋煮30分鐘，即完成高湯。

9 取一滾水，加入鹽巴，放入越南河粉。

10 煮約八分熟後，放入豆芽菜，煮熟後撈起放入碗中。

11 碗中再放入九層塔、辣椒。

12 將熬好的滾燙高湯，連同食材一起舀進碗中。最後倒入檸檬汁，並放上小黃瓜絲、煎好的植物肉、檸檬片即完成。

Finish

印度咖哩雞飯

🕐 90分鐘　　🍴 1～2人份　　👍 難易度：★★★

我雖然不愛香料味很重的咖哩，但偶爾還是會想吃這種異國料理，
自己料理也可以減少一些過重的香料，讓整體吃起來比較舒服，
這次我加了番茄罐頭，可以中和掉一些香料的味道，也帶出了不同風味。

材料 Ingredients

☐ 植物肉 230g
☐ 番茄罐頭 0.5罐
☐ 鷹嘴豆罐頭 50g
☐ 蘑菇 5朵
☐ 辣椒 1支
☐ 老薑 20g
☐ 泰國香米 1杯

【調味料】
☐ 印度咖哩粉 5大匙
☐ 小茴香 1大匙
☐ 孜然粉 1大匙
☐ 紅椒粉 1大匙
☐ 薑黃粉 1大匙
☐ 水 600g

【印度香料飯】
☐ 小茴香 1大匙
☐ 月桂葉 2片
☐ 八角 1個
☐ 薑黃粉 1/2大匙

【植物肉醃料】
☐ 咖哩粉 2小匙
☐ 孜然粉 2小匙
☐ 醬油 1大匙

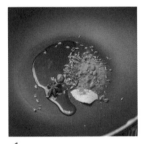

1 取一平底鍋，倒入適量植物油，放入香料飯所有食材炒香。

2 炒好的香料倒入洗好的泰國香米，放入電鍋蒸煮成香料飯。

3 取出鷹嘴豆用水沖洗，老薑切成末，蘑菇切成片。

4 將植物肉加入所有醃料，攪拌均勻。

5 塑形成小塊狀，裹上酥炸粉氣炸160度5分鐘、180度3分鐘。

6 取一湯鍋，倒入適量植物油，放入薑末、蘑菇炒香。

7 然後再倒入番茄罐頭炒香。

8 加入所有調味料一起炒。

9 倒入水、鷹嘴豆，蓋鍋燉煮20分鐘。

10 開蓋後放入炸好的植物肉、辣椒，再燉煮10分鐘，即可搭配蒸煮好的香料飯一起享用。

Finish

泰式打拋豬

🕐 30分鐘　　🍴 2～3人份　　👍 難易度：★

這道真的是我無敵愛的一道菜，不僅失敗率超低，而且還很下飯！
這種酸酸辣辣的泰式風味真的無法抵擋啊～
雖然不是正統的泰式打拋豬，不過我的改良版絕對不會輸！
用植物肉代替瘦肉，炸百頁豆腐代替肥肉，還有秀珍菇的香氣，
一口下去不管是口感、香氣、味道，絕對是非常足夠的～

 材料 Ingredients

☐ 植物肉 115g
☐ 百頁豆腐 1塊
☐ 秀珍菇 70g
☐ 薑 4片
☐ 大辣椒 1條
☐ 番茄 1顆
☐ 水 200cc
☐ 九層塔 40g
☐ 檸檬汁 1顆

【調味料】

☐ 醬油 4大匙
☐ 醬油膏 2大匙
☐ 糖 1大匙

作法 Step by Step

1 百葉豆腐捏碎成小塊狀，油溫160度，下鍋油炸至金黃酥脆。

2 秀珍菇用手撕成條狀後切小塊狀、大辣椒切斜片、老薑切成細末、番茄切成小塊狀、九層塔去梗。

3 植物油倒入於炒鍋中，放入植物肉，煎至微焦。

4 放入薑末、辣椒片、番茄丁、袖珍菇炒至出水。

5 倒入炸好的百頁豆腐，開大火炒至水分收乾，加入醬油膏、醬油、糖，炒香後倒入水中火熬煮。

6 當水分快收乾時，再放入九層塔、檸檬汁快速拌炒，即可起鍋享用囉！

Finish

Tips

九層塔還有分青骨、紅骨？
購買九層塔的時候，可以仔細觀察
梗的地方，如果是綠色就是青骨，
是紅色就是紅骨，而兩者差異在於
紅骨的香氣比較香，非常適合用在
爆炒～而青骨帶了一點清香味，適
合用在青醬等西式醬料。

泰式椒麻雞

 30分鐘　 2～3人份　 難易度：★★

泰式椒麻雞在臺灣的泰式餐廳幾乎都看得到其身影，
但這其實不是泰國本土的料理，是後來被引進泰國的，
這種酥脆的口感配上酸酸甜甜的滋味，真的會讓人一直吞口水啊！

 材料 Ingredients

☐ 植物肉　230g
☐ 高麗菜　適量

【泰式酸辣醬料】
☐ 香菜　1小把
☐ 辣椒　1支
☐ 老薑　10g
☐ 檸檬　1顆
☐ 醬油　4大匙
☐ 糖　2大匙
☐ 香油　1大匙
☐ 花椒粉　1小匙

【植物肉醃料】
☐ 黑胡椒　1小匙
☐ 醬油　2大匙
☐ 胡椒粉　1小匙
☐ 糖　1小匙

【裹粉】
☐ 麵粉　適量
☐ 酥炸粉漿　按包裝上的比例調配
☐ 酥炸粉　適量

作法 Step by Step

1 高麗菜切細絲泡入冰水中,香菜、辣椒、老薑切成末,檸檬擠成檸檬汁備用。

2 將香菜、辣椒、老薑、檸檬汁放入碗中,再加入其餘所有醬料,拌均備用。

3 取植物肉加入所有醃料,攪拌均勻。

4 將其塑形成排狀,放入冷凍30分鐘。

5 準備一油鍋,把冷凍好的植物肉,依序裹上麵粉、酥炸粉漿、酥炸粉。

6 取一油鍋,燒熱至180度,下鍋油炸至金黃酥脆。

7 切成條狀後,放在高麗菜絲上,再淋上醬汁就可以享用啦。

Finish

咖哩叻沙麵

🕐 90分鐘　🍴 1人份　👍 難易度：★★

雖然沒有去過新馬地區吃過道地的叻沙麵，
不過透過他們的叻沙泡麵嚐過味道，真的非常喜歡，儘管我不愛椰奶，
但是如果加在叻沙裡面，我完全可以接受，叻沙醬除了準備的食材較多，
製作上其實不困難，而且味道濃郁又順口。

 材料 Ingredients

- [ ] 植物肉　115g
- [ ] 蘑菇　5朵
- [ ] 番茄　1顆
- [ ] 高麗菜　80g
- [ ] 油豆腐　3塊
- [ ] 豆芽菜　25g
- [ ] 金針菇　20g
- [ ] 九層塔　30g
- [ ] 花生　少許
- [ ] 油麵　150g
- [ ] 香菜　適量
- [ ] 九層塔　適量
- [ ] 高湯　600ml

【叻沙醬】
- [ ] 老薑　15g
- [ ] 乾辣椒　6g
- [ ] 夏威夷豆　10顆
- [ ] 咖哩粉　2大匙
- [ ] 花生醬　1大匙
- [ ] 鹽麴　2小匙

【植物肉醃料】
- [ ] 醬油　1大匙
- [ ] 五香粉　1/2小匙
- [ ] 糖　1小匙

【調味料】
- [ ] 椰子油 2大匙
- [ ] 鹽麴

作法 Step by Step

1 先將蘑菇、老薑切片，番茄切丁，高麗菜切絲，香菜、九層塔切末。

2 取一炒鍋，放入椰子油，放入老薑、乾辣椒炒香。

3 料理機中放入炒好的料，再放入一半的九層塔、夏威夷豆、咖哩粉、花生醬，將所有食材打碎備用。

4 取植物肉加入香菜末、九層塔末及所有醃料，攪拌均勻。

5 搓成圓球狀，放入氣炸鍋中以180度氣炸5分鐘。

6 取湯鍋放入適量植物油，放入蘑菇、番茄、高麗菜炒香。

7 倒入高湯（請見P.158），再倒入剛剛打好的叻沙醬汁。

8 加入鹽麴、油豆腐、金針菇、炸好的植物肉丸、檸檬葉，蓋鍋熬煮5分鐘。加入椰奶後，攪拌均勻再熬煮10分鐘。

9 取一滾水，放入油麵、豆芽菜川燙，起鍋後放入碗中。再倒入熬煮好的叻沙湯。放上九層塔、植物肉丸、花生即完成！

Finish

越南炸春捲

 40分鐘　　3～4人份　　難易度：★

每次只要去越南餐廳，一定要點上一盤炸春捲，
看似複雜麻煩，其實超簡單的啦！而且在家做，可以包入自己喜歡的餡料，
絕對料多實在，外皮金黃酥脆，很適合當朋友來的小點心。

 材料 Ingredients

□ 越南春捲皮 6片
□ 芋頭 0.5顆
□ 黃豆芽 40g
□ 木耳 1片
□ 紅蘿蔔 0.5條
□ 冬粉 1塊
□ 生菜 適量

【調味料】
□ 糖 1大匙
□ 胡椒粉 1小匙
□ 鹽巴 2小匙
□ 蠔油 1大匙
□ 香油 2大匙

【糖水】
□ 糖 1/2大匙
□ 水 150g

作法 Step by Step

1 芋頭、紅蘿蔔刨
成絲狀，木耳切成絲
狀，冬粉泡水備用。

2 取一大碗，放入切
好的芋頭、紅蘿蔔、
木耳以及豆芽菜，再
將冬粉剪小段。

3 放入所有調味料，
攪拌均勻。

4 取小碗調製糖水，
使糖完全溶於水中。

5 取一春捲皮，兩面
抹上適量糖水，放入
攪拌均勻的餡料。

6 先向上捲起，再將
兩側向內折，最後向
前捲緊，尾端部分再
抹一點糖水後黏緊。

7 取一油鍋，燒熱至
油溫160度，油炸至金
黃酥脆後取出。最後
擺在生菜上，即可一
同享用。

Finish

Tips

- 越南春捲皮在台灣其實蠻常見的，很多乾貨店都會有販賣，或是東南亞商店也會有。
- 在油炸越南春捲時，一定要記得一個一個下油鍋，否則會全部黏在一起。
- 油溫不能過高，不然很容易外皮已經焦黃，內餡還未熟。

豚骨拉麵

🕐 60分鐘　　🍴 1人份　　👍 難易度：★★

不得不說，在我還沒轉素前，真的是一個超級拉麵控，
台北應該有名的拉麵店我都去造訪過，
轉素後，經過拉麵店都還是很想吃，所以下定決心要來研發一下全素的拉麵，
滿足我的口腹之慾，終於讓我調配出濃郁且不膩口的湯頭！

材料 Ingredients

□ 植物肉　100g
□ 鮮香菇　1朵
□ 杏鮑菇　1支
□ 豆芽菜　20g
□ 油豆腐　1塊
□ 木耳　1片
□ 菠菜　1大把
□ 芹菜　適量
□ 芝麻　適量
□ 海苔　2片

【植物肉醃料】
□ 醬油　1大匙
□ 五香粉　1小匙

【調味料】
□ 味噌　1/2大匙
□ 豆腐乳　10g
□ 醬油　1大匙
□ 豆漿　300g
□ 水　200g

作法 Step by Step

1 香菇切成片狀，杏
鮑菇、木耳切成絲，
芹菜切成珠狀，油豆
腐切塊狀，菠菜洗淨
後切小段。

2 取植物肉加入所有
醃料，攪拌均勻。

3 取湯鍋倒入適量植
物油，放入香菇、杏
鮑菇、木耳爆香。

4 放入味增、醬油、
豆腐乳，然後快速稍
微拌炒。

5 倒入豆乳、水，攪
拌至味增完全融化。

6 放入油豆腐蓋鍋小
火熬煮30分鐘。

7 取炒鍋倒入適量植
物油，將植物肉壓扁
約手掌大小，煎至兩
面焦黃後起鍋備用。

8 取一滾水放入鹽
巴，再放入拉麵煮約
8分熟，撈起放入碗
中。

9 原鍋再分別放入豆
芽菜、菠菜川燙，撈
起後放入碗中。

10 熬煮好的湯頭倒入碗中，放上煎好的植物肉排，再放上海苔，最後撒上芝麻、芹菜。

Finish

花壽司

 60分鐘　 3～4人份　👍難易度：★

在台灣素食的日本料理並不多，
有時候想吃日式的花壽司只能自己動手做，但又覺得好像很複雜。
其實花壽司並不難，完成後還能端出美美的成品，
又可以包自己喜歡的餡料，不管是帶便當，還是跟朋友出門野餐，
都是最棒的料理。

材料 Ingredients

☐ 壽司米　3杯
☐ 植物肉　100g
☐ 小黃瓜　1條
☐ 酪梨　1顆
☐ 紅蘿蔔　1/2條
☐ 蘆筍　6～8支
☐ 海苔片　6~8片
☐ 黃甜椒　0.5顆
☐ 七味粉　適量
☐ 海苔粉　適量

【醋飯調味料】
☐ 糖　2大匙
☐ 白醋　20g
☐ 蘋果醋　30g
☐ 鹽巴　1小匙

【植物肉醃料】
☐ 醬油　2大匙
☐ 五香粉　1/2小匙

作法 Step by Step

1 將洗好的壽司米，放入電鍋蒸煮。

2 將小黃瓜、紅蘿蔔、酪梨、黃甜椒切成條狀。

3 取植物肉加入所有的醃料，並塑形成長條狀。

4 取一炒鍋，放入塑形好的植物肉，煎至焦黃。

5 取一滾水，加入適量鹽巴，放入蘆筍、紅蘿蔔川燙。

6 將小黃瓜撒上少許鹽巴去掉生澀味。

7 取一小鍋放入所有醋飯調味料，小火煮至糖完全融化即可關火（不要煮滾）。

8 壽司米煮好後取出，以切拌的方式撥鬆，再慢慢倒入調好的醋，一邊攪拌均勻，再靜置放涼。

9 取一竹簾，放上海苔片，鋪上適量醋飯（整個鋪滿），均勻撒上七味粉或海苔粉，鋪上保鮮膜。

10 再來除了竹簾不
要動，其餘整個一起
翻面，此時海苔會在
最上層，開始依序擺
上食材。

11 捲成圓柱狀，一
邊捲要一邊將保鮮膜
拉出，以免捲在裡
面，捲緊後切成片狀
就可以享用啦。

Finish

Tips

• 在捲壽司時要記得捲緊，切的時候
才不容易鬆開唷
• 切片的時候可以在刀子上沾一點
水，比較不容易黏。

米漢堡

🕐 60分鐘　🍴 2～3人份　👍 難易度：★

從小，比起美式漢堡，我更愛吃米漢堡，
可能是愛吃飯的關係，總覺得米漢堡吃起來更有飽足感，
也比較合我的胃口，而且米漢堡相對的比較不會膩口，
也因為有醬汁，整體也會非常的濕潤。

 材料 Ingredients

☐ 植物肉　230g
☐ 白米　1杯
☐ 紅藜麥　20g
☐ 鮮香菇　2朵
☐ 杏鮑菇　1支
☐ 紅蘿蔔　1/2條
☐ 老薑　10g
☐ 玉米粒　20g
☐ 酪梨　1/2顆
☐ 生菜　適量

【植物肉醃料】
☐ 香油　2大匙
☐ 昆布醬油　2大匙
☐ 糖　1大匙
☐ 五香粉　1/2小匙

【照燒調味料】
☐ 昆布醬油　5大匙
☐ 味霖　3大匙
☐ 糖　2大匙
☐ 香油　1大匙
☐ 芝麻　適量
☐ 七味粉　1小匙
☐ 胡椒粉　1小匙

 作法 Step by Step

1 取洗淨的白飯、紅藜麥混合均勻後放入電鍋蒸煮。

2 將香菇、杏鮑菇、紅蘿蔔、老薑切成末狀，酪梨切成片。

3 取一炒鍋，倒入適量植物油，放入薑末、鮮香菇、杏鮑菇、紅蘿蔔炒香後取出放涼。

4 放涼後的蔬菜、玉米加入植物肉、醃料，攪拌均勻。

5 攪拌均勻後，塑形成肉排狀，並放入冷凍30分鐘。

6 冷凍好的漢堡排，均勻裹上地瓜粉後待5分鐘後反潮。

7 取一炒鍋，倒入植物油，放入冷凍好的漢堡排。

8 漢堡排煎至兩面金黃後備用。

9 取出煮好的白飯，壓模成兩片圓形。

10 底層放一片白飯，再依序放上生菜、漢堡排、塗上照燒醬、酪梨片，最後蓋上白飯就可以享用啦。

Finish

Tips

煮照燒醬時要不停的攪拌，以免會燒焦。

日式咖哩豬排飯

🕐 90分鐘　　🍴 1～2人份　　👍 難易度：★★★

一定從沒想過轉素後，還可以吃到咖哩豬排飯吧！
這真的是將近九成的還原，外層酥脆又有咖哩醬的濃郁搭在一起，
簡直絕配。

🧺 材料 Ingredients

☐ 植物肉　230g
☐ 壽司米　1杯
☐ 紅蘿蔔　1條
☐ 馬鈴薯　1顆
☐ 杏鮑菇　1條
☐ 蘋果　1顆
☐ 茄子　0.5條
☐ 水　800g
☐ 綠花椰菜　2小朵
☐ 秋葵　3個
☐ 咖哩塊（甜味）　2塊
☐ 咖哩塊（辣味）　2塊

【植物肉醃料】
☐ 醬油　2大匙
☐ 黑胡椒粉　2小匙

【裹粉】
☐ 麵粉　適量
☐ 酥炸粉漿　按包裝上的比例調配
☐ 麵包粉　適量

 作法 Step by Step

1 壽司米洗淨後放入
電鍋蒸煮。

2 紅蘿蔔、馬鈴薯、
杏鮑菇切成塊狀，茄
子切成片，花椰菜切
小朵，蘋果磨成泥。

3 取植物肉，加入所
有醃料攪拌均勻。

4 塑形成排狀，放入
冷凍30分鐘。

5 取一滾水加入適量
鹽巴，川燙花椰菜、
秋葵備用。

6 取一湯鍋，放入紅
蘿蔔、馬鈴薯煸至焦
黃。

7 放入杏鮑菇、茄子
煸香。

8 倒入水，蓋鍋蓋熬
煮約10分鐘。

9 加入咖哩塊、蘋果
泥小火熬煮至咖哩塊
完全融化，蓋鍋繼續
熬煮20分鐘。

10 將冷凍好的植物肉依序裹上麵粉、酥炸粉漿、麵包粉。

11 取油鍋燒熱至180度，炸至金黃酥脆後取出。

12 將炸好的豬排切成條狀，放上咖哩飯即可享用啦。

Finish

Tips
咖哩熬煮時要記得持續攪拌，才不會燒焦。

脆皮日式煎餃

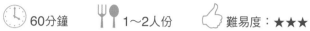🕐 60分鐘　🍴 1～2人份　👍 難易度：★★★

水餃基本上是我們冰箱的常備品，因為不僅方便，

又可以有不同的料理方式，不管是煮的、煎的、炸的都可以，

一次多包一點冷凍起來，不知道要吃什麼的時候，就是最快解決的料理。

## 材料 Ingredients

☐ 植物肉 115g
☐ 水餃皮 30片
☐ 豆腐 100g
☐ 高麗菜 1/4顆
☐ 玉米粒 30g
☐ 老薑 10g

【調味料】
☐ 香油 1大匙
☐ 醬油 1大匙
☐ 糖 1大匙
☐ 五香粉 1小匙
☐ 胡椒粉 1小匙

【麵粉水】
☐ 麵粉 2大匙
☐ 水 100g

作法 Step by Step

1 先將老薑切末,高麗菜切碎後加入適量鹽巴,將水份幾乾。

2 將板豆腐擠出多餘水分。

3 將老薑、高麗菜、板豆腐、玉米粒、植物肉放入一大碗中。

4 放入所有調味料攪拌均勻。

5 水餃皮邊緣沾水,放入適量餡料。

6 然後以兩邊打折的方式,將邊緣的封口黏緊。

7 平底鍋倒入適量植物油,將包好的餃子用圍圓圈的方式排好,稍微煎2分鐘。

8 倒入攪拌均勻的麵粉水,蓋上鍋蓋小火煎煮6分鐘。開鍋後轉至中火,煎至麵粉水全部蒸發變成金黃脆皮,即可起鍋享用。

Finish

Tips

餡料裡的高麗菜及板豆腐，一定要擠乾水分。

花椰菜可樂餅

🕐 60分鐘　🍴 約8個　👍 難易度：★★

可樂餅其實緣起於法國，後來流傳到日本，
各國也都有不同的可樂餅作法，不過都一樣是外層裹上麵包粉油炸至酥脆，
而我這次降低了馬鈴薯的份量，用熱量低又有高膳食纖維的白花椰菜
取代了一部分澱粉，讓整體吃起來不會有太大的負擔。

 **材料** Ingredients

☐ 植物肉　100g
☐ 白花椰菜　100g
☐ 馬鈴薯　1顆
☐ 玉米粒　50g

【調味料】

☐ 咖哩粉　1大匙
☐ 胡椒粉　1小匙
☐ 七味粉　1大匙
☐ 鹽巴　1小匙
☐ 太白粉　2大匙

【裹粉】

☐ 麵包粉　適量
☐ 麵粉　適量
☐ 酥炸粉漿　按包裝比例調製

 作法 Step by Step

1 將馬鈴薯去皮後切成塊狀，放入電鍋，外鍋1杯水蒸煮，再取出壓成泥狀。

2 將白花椰菜洗淨後，切成小朵狀。取一滾水，水中加入適量鹽巴，放入白花椰菜煮約10分鐘。

3 將白花椰菜取出水分完全瀝乾，並用剪刀將白花椰菜剪成小碎狀。

4 取一炒鍋，將植物肉炒至焦黃，加入胡椒粉、咖哩粉炒香。

6 將調好的餡料，塑形成約手掌大小的圓餅狀。

7 依次裹上麵粉、酥炸粉漿、麵包粉後放入油溫約160度，炸至金黃色。

5 取一大碗。將炒好的植物肉、馬鈴薯泥、花椰菜碎、玉米粒、其餘的調味料，充分攪拌均勻。

Finish*

營養拳頭飯糰

🕐 20分鐘　　🍴 2人份　　👍 難易度：★

韓國的平價小吃『拳頭飯糰』
是因為他們以前習慣把飯做成拳頭般的大小，
方便在出遠門的時候帶著吃，後來大家因為方便吃，就把所有食材攪拌後，
想吃多大就捏多大，非常適合懶得下廚的你，可以快速解決一餐，
不僅有飽足感又營養。

🧺 材料 Ingredients

☐ 植物肉　115g
☐ 韓式泡菜　50g
　（水分擠乾剪碎）
☐ 海苔酥　30g
☐ 芝麻　15g
☐ 十穀米　0.5杯（米杯）
☐ 白米　0.5杯（米杯）

【調味料】
☐ 醬油　1大匙
☐ 胡椒粉　1小匙
☐ 香油　2大匙
☐ 全素美乃滋　適量

 作法 Step by Step

1 十穀米泡水三小時備用。洗淨的白米加入泡過水的十穀米，放入電鍋，外鍋一杯水，蒸煮悶20分鐘。百葉豆腐捏碎成小塊狀，油溫160度，下鍋油炸至金黃酥脆。

2 取一個炒鍋，將退冰的植物肉炒至焦黃，再加入醬油、胡椒粉炒香。

3 再放入剪碎的泡菜一起炒，炒至無水份後取出。

4 碗裡放入悶好的十穀飯，再放入炒好的植物肉、泡菜。

5 淋上香油後，再加入海苔酥、芝麻、美乃滋。

6 將所有材料均勻攪拌，捏成大小一致的球狀，即可享用！

Finish

Tips

十穀米

之所以叫十穀米，因為裡面包含了超過十種的穀物，糙米、小麥、燕麥、蕎麥、小米等等，多吃是有益身體健康的唷！不過要煮之前一定要泡水，每家廠商搭配的十穀米成分都不太一樣，泡水的時間跟水量可以依據外包裝的說明，或是詢問老闆喔！

韓式拌飯

🕐 30分鐘　🍴 2人份　👍 難易度：★★

這道絕對是鹿比最愛料理之一，把所有自己愛吃的蔬菜全部拌在一起，
搭配上特調的韓式拌醬，簡直超級滿足，可以攝取到大量的蔬菜，
還有植物肉裡的蛋白質，真的大愛這道料理。

🧺 材料 Ingredients

☐ 植物肉　100g
☐ 豆芽菜　25g
☐ 泡菜　30g
☐ 紅蘿蔔　1/3條
☐ 櫛瓜　1/4條
☐ 菠菜　1把
☐ 甜椒　1/2顆
☐ 小黃瓜　1/2條
☐ 香菇　2朵
☐ 白芝麻　適量
☐ 海苔酥　適量
☐ 白飯　2碗

【調味料】
☐ 鹽巴　適量
☐ 醬油　1大匙
☐ 糖　1大匙

【醬料】
☐ 辣椒醬　1大匙
☐ 醬油　1大匙
☐ 白醋　1大匙
☐ 糖　1大匙
☐ 香油　1大匙
☐ 水　2大匙
☐ 芝麻　適量

 **作法** Step by Step

1 紅蘿蔔、甜椒、小黃瓜、香菇切成細絲狀，菠菜切成段狀，櫛瓜切成薄片狀。

2 取一炒鍋，倒入適量植物油，將每樣蔬菜分別炒，並加入適量鹽巴。

3 原鍋中放入植物肉，再加入醬油、糖，炒至焦黃。

4 把所有醬料放入碗中攪拌均勻。

5 取一碗先盛上白飯，再依序擺盤各式蔬菜。

6 最後放上調製好的醬料，撒上芝麻、海苔酥即可。

Finish

Tips

• 拌飯的蔬菜可以依照個人喜好選擇不同的蔬菜。

• 醬料除了可以拌飯，拌麵也很好吃喔！

韓式炸雞

🕐 90分鐘　　🍴 2~3人份　　👍 難易度：★★★

還沒轉素前曾經到韓國旅遊，當時真的熱愛他們的炸雞，
有別於台灣的鹹酥雞，他們會再裹上一層韓式辣醬，繼酥脆又有醬料的濕潤感，
甜甜辣辣的味道真的很令人想念，
於是決定要做個素食版的，回味當時的味道。

材料 Ingredients

□ 植物肉　1盒
□ 碧玉筍　適量
□ 薑末　20g
□ 白芝麻　適量

【植物肉醃料】
□ 醬油　2大匙
□ 砂糖　1大匙
□ 胡椒粉　1小匙
□ 五香粉　1小匙

【調味料】
□ 香油　2大匙
□ 醬油　1大匙
□ 味噌　1大匙
□ 糖　2大匙
□ 番茄醬　2大匙
□ 韓式辣椒醬　2大匙
□ 水　100g

【裹粉】
□ 酥炸粉　適量

【酥炸粉漿】
□ 酥炸粉　150g
□ 水　100g
（請依據每款酥炸粉後面的比例）

 作法 Step by Step

1 老薑切末，碧玉筍切小段狀。

2 退冰後的植物肉加入醃料，並塑型成塊狀，放入冷凍1小時。

3 調製酥炸粉漿，將酥炸粉跟水攪拌均勻至無顆粒狀。

4 將冷凍好的植物肉，裹上調製好的酥炸粉漿，再裹上酥炸乾粉。

5 將油鍋燒熱至160度，植物肉下鍋油炸至金黃酥脆後取出。

6 取一炒鍋倒入香油，放入薑末及其餘調味料，攪拌均勻並煮滾。

7 放入炸好的植物肉，讓每塊植物肉均勻裹上醬料。

8 最後撒上白芝麻、碧玉筍即可享用。

Finish

Tips

萬用韓式醬料

如果跟我們一樣愛吃辣,這個韓式的醬料一定要學起來,可以多做一點,放入玻璃密封罐,隨時都可以拿來拌飯拌麵,讓你可以快速變成韓式料理啦,甚至變成沾醬、烤肉醬或是煮湯麵,都非常好吃喔!

蔬菜煎餅

🕐 40分鐘　　🍴 2片　　👍 難易度：★

煎餅真的是我最拿手的懶人料理了，
每次不知道要吃什麼，就是把冰箱剩下的食材和麵糊下鍋煎，
就完成一餐了，真的超方便，同時也有攝取澱粉跟蔬菜。

🧺 材料 Ingredients

☐ 櫛瓜　1/2條
☐ 泡菜　50g
☐ 紅蘿蔔　1/2條
☐ 小黃瓜　1/2條
☐ 甜椒　1/2顆
☐ 香菇　2朵
☐ 辣椒　1條

【麵糊】
☐ 中筋麵粉　100g
☐ 水　200g
☐ 鹽巴　少許

作法 Step by Step

1 紅蘿蔔、小黃瓜、甜椒切絲，櫛瓜、辣椒、香菇切片，泡菜剪成小段。

2 取一大碗，加入中筋麵粉，倒入水，再加入鹽巴攪拌均勻。

3 將泡菜、紅蘿蔔、小黃瓜、甜椒放入麵糊，一起攪拌均勻。

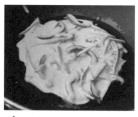

4 炒鍋中倒入適量植物油，舀兩大湯匙蔬菜麵糊平鋪於鍋內。

5 麵糊還沒凝固前，漂亮的擺上櫛瓜、辣椒、香菇。

6 將兩面煎至金黃即可起鍋，並沾上喜愛的醬料一起享用。

*Finish**

韓式豆腐鍋

 60分鐘　🍴 1～2人份　👍 難易度：★★

記得在高中時期，大家都熱愛韓國文化，
韓式料理也變成我每天都想吃的料理，而豆腐鍋就是我看韓國節目
學會的第一道韓式料理，不過當時學的是葷的版本，
所以自己找了替代的食材做出了全素版本啦！

 材料 Ingredients

- ☐ 植物肉 115g
- ☐ 薑末 20g
- ☐ 碧玉筍 5支
- ☐ 金針菇 1/2個
- ☐ 嫩豆腐 1盒
- ☐ 菠菜 1大把
- ☐ 芹菜 30g
- ☐ 花椰菜 50g
- ☐ 櫛瓜 40g
- ☐ 香菇 2朵
- ☐ 水 800ml

【調味料】
- ☐ 韓式粗辣椒粉 8大匙
- ☐ 醬油 5大匙
- ☐ 砂糖 3大匙

 作法 Step by Step

1 老薑切成末狀，金針菇切掉蒂頭，波菜洗淨後切段，芹菜切成珠狀，花椰菜切小朵，櫛瓜切成片狀。

2 取一炒鍋，倒入香油，放入老薑、碧玉筍、植物肉炒香。

3 放入所有調味料炒香後取出備用。

4 取一湯鍋，加水煮滾後放入四大匙剛剛炒好的辣醬。

5 用湯匙將嫩豆腐挖進鍋中。

6 煮滾後放入金針菇、菠菜、花椰菜、櫛瓜、香菇，最後撒上芹菜就可以享用啦！

Finish

韓式紫菜飯卷

🕐 40分鐘　　🍴 5捲　　👍 難易度：★

走在韓國的街頭，到處都可以看到他的身影，簡直就是無所不在了，
而且真的非常適合忙碌的上班族，或是對料理不擅長的朋友，
實在是簡單又方便的料理。

 材料 Ingredients

- ☐ 植物肉　100g
- ☐ 海苔　5片
- ☐ 紅蘿蔔　1/2條
- ☐ 菠菜　1把
- ☐ 芝麻　適量
- ☐ 甜椒　1/2顆
- ☐ 小黃瓜　1/2條
- ☐ 壽司米　2杯

【調味料】

- ☐ 鹽巴　適量
- ☐ 醬油　1大匙
- ☐ 糖　1大匙
- ☐ 胡椒粉　1小匙
- ☐ 麻油　2大匙

作法 Step by Step

1 紅蘿蔔、香菇、甜椒、小黃瓜切成絲狀,菠菜洗淨後切成段狀。

2 炒鍋中倒入適量香油,分別炒香紅蘿蔔、香菇、甜椒、菠菜,並加入鹽巴。

3 原鍋放入植物肉炒香,再加入醬油、糖、胡椒粉拌炒均勻後取出。

4 把煮好的壽司米倒入鹽巴、麻油、芝麻攪拌均勻。

5 取一海苔,平鋪上一層壽司米,再依序放上炒好的食材。

6 向內捲起並壓緊,在包好的壽司捲在上方抹上一點香油,撒上芝麻即可享用。

Finish

Tips

• 壽司在捲的過程中一定要壓緊,否則吃的時候會散開喔!
• 海苔如果買不到韓式的壽司海苔,可以用日式海苔唷!

國家圖書館出版品預行編目資料

植物肉百搭料理：跟上新飲食風潮，野菜鹿鹿的 50 道
輕鬆煮純植食譜 / 鹿比，小野著 . -- 初版 . -- 臺北市：
三采文化股份有限公司 , 2021.02
面； 公分 . --（好日好食：54）

ISBN 978-957-658-485-5(平裝)
1. 素食食譜
427.31   109021713

● 特別感謝：三機、里仁、新豬肉、Beyond Meat
　　　　　　提供內頁食譜的食材

好日好食 54

植物肉百搭料理

跟上新飲食風潮，野菜鹿鹿的 50 道輕鬆煮純植食譜

作者｜鹿比 & 小野
副總編輯｜郭玫禎
美術主編｜藍秀婷　封面設計｜李蕙雲　內頁排版｜周惠敏
行銷經理｜張育珊　行銷專員｜金姵安　人物攝影｜林子茗

發行人｜ 張輝明　　總編輯｜ 曾雅青　　發行所｜ 三采文化股份有限公司
地址｜ 台北市內湖區瑞光路 513 巷 33 號 8 樓
傳訊｜ TEL:8797-1234　FAX:8797-1688　　網址｜ www.suncolor.com.tw
郵政劃撥｜ 帳號：14319060　戶名：三采文化股份有限公司
初版發行｜ 2021 年 02 月 26 日　定價｜ NT$420
5 刷｜ 2023 年 4 月 15 日